UNIMOG
DAS MULTITALENT AUF RÄDERN

SDL 305
PZC 792
UNIMOG

RALF MAILE

UNIMOG

DAS MULTITALENT AUF RÄDERN

KOSMOS

Mit 228 Farbfotos, 43 Schwarzweißfotos und 4 Konstruktionszeichnungen im Text. Die Fotos wurden von folgenden Firmen, Institutionen und Privatpersonen zur Verfügung gestellt (die Nummern in Klammern finden sich am Ende des jeweiligen Bildtextes wieder):

Firmen und Institutionen:

(01) DaimlerChrysler United Kingdom; (02) DaimlerChrysler; (03) Archiv Brekina, Sammlung Klaus Holl; (04) Zweiweg; (05) Endres; (06) AGBO; (07) Archiv Brekina, Museum für Kommunikation; (08) Sides; (09) Ziegler; (10) Yanase; (11) Archiv Brekina, Deutsche Bundesbahn; (12) Rosenbauer; (13) Paul; (14) Weigel; (15) DaimlerChrysler France; (16) Werner; (17) FMG; (18) E.ON Bayern; (19) Archiv Brekina, BZA München.

Privatpersonen:

(20) Hans-Jürgen Stiehl; (21) Mike Willig; (22) Stefan Krafft; (23) Yves Duibosson; (24) Ralf Koch; (25) Oliver Kaufmann; (26) Thorsten Streit; (27) Günther Uhl; (28) Uwe Reinders; (29) Helmut Graf; (30) Carl-Heinz Vogler; (31) Ralf Maile; (32) Jean-Luc Dossmann; (33) Sammlung Michael Hase; (34) Jochen Vogler; (35) Rainer Zech; (36) Gerhard Portenkirchner; (37) Martin Krause; (38) Karl De Hauwere; (39) Toon Versnick; (40) Michael Hase; (42) Hans Wohlmuth; (43) Hans Gohl; (44) Bodo Brennecke; (45) Thomas Batz; (46) Axel Fitterer; (47) Ralf Vollmer; (48) Wolfgang Rotter; (49) Stefan Stöckl; (50) Rune Fotland; (51) Herbert Breuer; (52) Fred Müller-Romminger; (53) Klaus-Jürgen Osterholt; (54) Harald Niemöller; (55) Thomas Lunte; (56) Axel Johanßen; (57) Klaus Fischer; (58) Thomas Hörl; (59) Rainer Haas; (60) Henri De Beul; (61) Hans Maile; (62) Iver Aaage Iversen; (63) Thomas Ermels; (64) Willi Putz; (65) Roland Seifert; (66) Joachim Bruckner; (67) Oliver Hartenberger; (68) Jürgen Plate; (69) Andreas Hellgeth.

Umschlag gestaltet von Atelier Jürgen Reichert, Stuttgart.
Die Bilder zeigen von links oben nach rechts unten:
Unimog U25 (Baureihe 70200) mit Holder-Spritzmittelfass. (54) – Unimog U2150L (Baureihe 437) der Kantonspolizei Zürich, siehe hierzu auch Seite 122. (31) – Unimog U3000 der neuen hochgeländegängigen Baureihe 437.4, siehe hierzu auch entsprechendes Kapitel ab Seite 139. (02) – Unimog U500 (Baureihe 405) als Zubringerfahrzeug der DC-Werke in Gaggenau und Rastatt, siehe hierzu auch Seite 105. (30) – Außerdem ein U1600 (Baureihe 427) im Einsatz als Zweiwege-Bautruppfahrzeug in der Türkei, siehe hierzu auch Seite 119. (04)
Rückseite:
Unimog S (Baureihe 404.1) als Wohnmobil, siehe hierzu auch Seite 38. (31)

Zum Bild auf der Seite 2:
Unimog U2150L (Baureihe 437), siehe hierzu auch Seite 130. (61)

Literatur- und Quellenhinweise:

Bücher:
Biemer, Der Unimog in der Feuerwehr, Band 1 und 2, Kortlepel-Verlag 1992/1993.
Heppe, Unimog&MB-trac, Die Chronik, Verlag Podszun 2001.
Klingler/Wessel, Geschichten rund um den Unimog Band 1 und 2, Buch und Bild Verlag 1992/1997.
Maile, Das Buch vom Unimog, Franckh-Kosmos Verlags-GmbH 2000.
Maile, Unimog im Einsatz, Franckh-Kosmos Verlags-GmbH 2001.
Maile/Heeg, 40 Jahre Unimog (1.-3. Auflage), Friedel-Fiedler-Verlag 1988/1993/2000.
Maile/Schupp, Unimog HO-Modelle, Friedel-Fiedler-Verlag 1993.
Neubauer/Wessel, Die Automobile der Benzstadt Gaggenau, Neubauer-Verlag 1986.
Niehmeier/Döhmann, Das große Unimog-Buch, Heel-Verlag 1992.
Zeitschriften:
Unimog-Club Gaggenau „Heftl“ 1993 – 2002“.
Unimog-Veteranen-Club „Journal 1991 – 2002“, insbesondere Scheidemann/Niemöller, Fünfzig Jahre Unimog-Entwicklung.
Sonstiges:
Prospekte und Verkaufsunterlagen diverser Hersteller.
DaimlerChrysler, Microfiche, Technische Handbücher, Prospekte, Pressemitteilungen, Datenblätter, Verkaufs- und Archivunterlagen im Zeitraum von 1951 – 2002.

Rechte Seite oben: Am 2. August 2002 lief in Gaggenau der letzte Unimog vom Band, ein U4000 der Baureihe 437.4, der anschließend bei einer kleinen Feier dem Unimog-Club Gaggenau als Dauerleihgabe übergeben wurde. Das Fahrzeug mit der Fahrgestellnummer WDB 4374251W201381 ist der 32 0748. Unimog, der im badischen Gaggenau gefertigt wurde. Ab dem 26. 8. 2002 kommt der Unimog aus der Pfalz, aus dem Lkw-Werk in Wörth. (31)
Rechte Seite unten: Nachdem am 2. August 2002 um 12.00 Uhr das letzte Fahrzeug aus Gaggenauer Produktion vom Band lief, begann der Umzug in die neue pfälzische Heimat – das Lkw-Werk in Wörth. Mit 480 Lkw-Ladungen wurden über 6000 Tonnen Material bewegt, um den minutiös geplanten Umzug zeitgenau umzusetzen. Am 26. August 2002 lief in der neuen Halle der erste Unimog aus Wörther Produktion vom Band, ein U400 der Baureihe 405. Im Rahmen einer Feierstunde wurde er als fünfzigstes Fahrzeug für die Straßenbauverwaltung im Freistaat Sachsen übergeben. Das zukünftige Unimog-Programm gliedert sich nun in die Geräteträger der Baureihe 405 und die hochgeländegängigen Fahrzeuge der Baureihe 437.4. (31)

Bibliografische Information Der Deutschen Bibliothek
Die Deutsche Bibliothek verzeichnet diese Publikation in der Deutschen Nationalbibliografie; detaillierte bibliografische Daten sind im Internet über http:\\www.dnb.ddb.de abrufbar.

ISBN 3-440-09386-7
Printed in Czech Republic/Imprimé en République tchéque
Lektorat und Herstellung von Siegfried Fischer, Stuttgart
Satz/Repro: S. Fischer/Typomedia, Ostfildern
Druck und Bindung: Těšínská Tiskárna AG, Český Tesín

Inhalt

Ein Wort vorab

Nach den beiden Bänden „Das Buch vom Unimog" und „Unimog im Einsatz" ist dies das dritte Buch, das innerhalb kurzer Zeit aus meiner Feder kommt und sich mit dem Unimog beschäftigt. Der enorme Zuspruch und die vielen Einsendungen von Fotos und Informationen als Reaktion auf die ersten Bände haben mich bewogen, dem Meister der Vielseitigkeit ein weiteres Buch zu widmen. Die bereits bewährte Gliederung wurde beibehalten. Als Maßstab für die Gliederung wurden die Baureihen gewählt. Da die Nummernvergabe der einzelnen Baureihen nicht logisch aufgebaut ist, sind einzelne Baureihen, die zur gleichen Fahrzeugfamilie gehören oder aus bestehenden Baureihen weiterentwickelt wurden, zusammengefasst und in den zeitlichen Rahmen der Unimog-Geschichte eingefügt.
Es beginnt mit dem Urtyp aller Unimog, dem U25 aus dem Hause Boehringer, und führt über die mittleren und die schweren Fahrzeuge zur brandneuen Baureihe 437.4, die im Oktober 2002 offiziell vorgestellt wurde.
Hierzu einige Anmerkungen. Es ist bewusst darauf verzichtet worden, die Entstehungsgeschichte des Unimog noch einmal in größerem Rahmen abzudrucken, da sie bereits in vielen Büchern umfassend abgehandelt wurde. Ebenso wurden die Zeichnungen und Techniktabellen der ersten Bände nicht wiederholt, da sich hierbei keine Änderungen ergeben haben. Der dadurch gewonnene Platz wurde genutzt, um die vielfältige Arbeitswelt des Unimog aufzuzeigen. Ich bitte daher um Nachsicht, wenn einige Informationen den beiden Vorläufern zu entnehmen sind. Auch entsprechen einige der Fotos in ihrer Qualität nicht den heute üblichen Maßstäben. Weil aber kein anderes Bildmaterial vorlag, wurde dieses verwendet, zumal es sich um teilweise einzigartige Fahrzeuge handelt.
Da sich trotz aller Sorgfalt Fehler nicht immer ausschließen lassen, sind sachliche Kritik und Informationen sehr willkommen. Auch würde es mich freuen, wenn der Zustrom an Bildern und Unterlagen zum Unimog weiterhin anhält.
Auch dieses Buch verdankt sein Entstehen der tatkräftigen Unterstützung vieler netter Menschen, die mir zur Seite standen. Besonders hervorheben möchte ich Karin Weidenbacher, Waltraud Maisch, Georg Staskiewicz, Klaus H. Schaefer und Matthias Frank.
Des Weiteren gilt mein Dank Gundula Kernstock, Petra Forberger, Gerhard Portenkirchner, Harald Niemöller, Toon Versnick, Walter Wagner, Yves Duibosson sowie K. L. Baer und G. Hundt. Schließlich auch den Bildautoren, die namentlich auf Seite 4 aufgeführt sind, den Archivmitarbeitern diverser Firmen sowie den Unimog-Fahrern und -Besitzern für das bereitwillige Rangieren während der Fotoarbeiten.
Doch nun viel Spaß beim Betrachten der Bilder, die nur einen kleinen Teil dessen zeigen, was die über 320 000 Fahrzeuge in den letzten 55 Jahren in über 170 Ländern der Erde geleistet haben und tagtäglich leisten. Wie titelte schon 1975 die renommierte Frankfurter Allgemeine Zeitung: „Unimog – des Menschen bester Freund". Dem ist von meiner Seite nichts hinzuzufügen.

Ralf Maile
Waiblingen im Frühjahr 2003

So wie diesen frühen U25 der Baureihe 2010 findet man sie mit etwas Glück: zerschlissen und von einem viele tausend Stunden währenden Arbeitsleben gekennzeichnet. Irgendwann ausgemustert (und fast immer durch einen neuen Unimog ersetzt), wartend auf einen Liebhaber, der das alte Blech wieder in neue Form bringt. Möge dieses Buch dazu beitragen, das Interesse am Unimog wach zu halten und möglichst viele dieser einzigartigen Fahrzeuge zu erhalten. (36)

Unimog-Zeitschiene – Chronologischer Ablauf von 1945 – 2002

1945 Erste Arbeitsgruppe für Planungen und Studien.

1946 Im Januar wird der erste Unimog-Gesamtentwurf fertiggestellt. Am 9. Oktober findet die erste Probefahrt statt.

1947 Erste Erprobungen und Praxistests.

1948 Am 29. August wird auf der DLG in Frankfurt der Unimog erstmals der Öffentlichkeit vorgestellt.

1949 Im März liefert die Maschinenfabrik Boehringer das erste Serienfahrzeug aus, bis 1951 werden 600 Fahrzeuge gebaut.

1951 Im Mai übernimmt Daimler-Benz den Bereich Unimog von Boehringer.

1953 Der Unimog wird zusätzlich zum Ochsenkopf-Signet mit dem Mercedes-Stern versehen. Ab September ist das geschlossene Fahrerhaus (Typ 401) für die Baureihe 401/402 lieferbar.

1955 Im Mai verlässt der erste Unimog der Baureihe 404 das Montageband.

1956 Im August erscheint der Unimog der Baureihe 411 und ersetzt die Baureihe 401/ 402.

1958 Erprobung von Prototypen der Baureihe 405 (Unimog SH und T), weitere Fahrzeuge folgen 1962.

1961 Im Mai läuft der 50 000. Unimog vom Band.

1962 Im Juli wird die Baureihe 406 vorgestellt, erstes Fahrzeug ist der U65.

1963 Für Sonderfahrzeuge sind nun Triebköpfe auf Unimog-Basis verfügbar.

1965 Vorstellung der Baureihe 416, erstes Fahrzeug ist der U80.

1966 Im Januar Vorstellung der Baureihe 421, erstes Fahrzeug ist der U40. Im April Vorstellung der Baureihe 403, erstes Fahrzeug ist der U54.
Im Mai Auslieferung des 100 000. Unimog.

1968 Beginn der Lizenzfertigung in Argentinien mit der Baureihe 426.

1969 Im Januar Vorstellung der Baureihe 413, erstes Fahrzeug ist der U80. Die argentinische Lizenzfertigung wird um die Baureihe 431 erweitert.

1971 Im August läuft der 150 000. Unimog in Gaggenau vom Band.

1974 Vorstellung der Baureihe 425, erstes Fahrzeug ist der U1300.

1976 Vorstellung der Baureihe 424, erstes Fahrzeug ist der U1000. Vorstellung der Baureihe 435, erstes Fahrzeug ist der U1300L.

1977 Der 200 000. Unimog wird produziert.

1984 Im September läuft der 250 000. Unimog vom Band.

1986 Beginn der Serienfertigung Baureihe 419 für die US-Armee.

1988 Das Unimog-Programm wird komplett überarbeitet, kurz nacheinander werden die Baureihen 407, 417, 427 und 437 vorgestellt.

1992 Ab dem 9. Mai sind die neuen Baureihen 408 (U90) und 418 (U110, U140) auf der IAA in Hannover ausgestellt.

1993 Im Juli Vorstellung des Schwerlastgeräteträgers U2400TG der Baureihe 437. Die ersten dreiachsigen Unimog 6x6 werden erprobt.

1994 Am 15. März wird der U90 Funmog (Baureihe 408) zum Geländewagen des Jahres gewählt.
Im Juli verlässt der 300 000. Unimog das Montageband.

1996 Ab dem 7. Mai wird auf der IFAT in München der kompakte Geräteträger UX100 (Baureihe 409) vorgestellt.

2000 Am 13. März Vorstellung der neuen Baureihe 405 mit den Typen U300 und U400.
Am 21. Sept. Komplettierung der Baureihe 405 mit dem U500 während der IAA in Frankfurt/M.

2001 Im Juni „50 Jahre Unimog-Bau in Gaggenau" mit großer Festveranstaltung. Über 30 000 Besucher informieren sich in den Werken Rastatt und Gaggenau sowie dem Erprobungsgelände in Ötigheim. Über 530 Unimog aller Baureihen treffen nach einer europaweiten Sternfahrt an ihrem „Geburtsort" ein.

2002 Nach 320 748 Fahrzeugen verläßt am 2. August der letzte Unimog aus Gaggenau das Montageband. Ab dem 26. August läuft der Unimog in neuen Fertigungshallen im Lkw-Werk in Wörth vom Band. Ab dem 11. September wird während der Nutzfahrzeug-IAA die neue hochgeländegängige Baureihe 437.4 offiziell der Öffentlichkeit vorgestellt. Die Baureihe umfasst die Typen U3000, U4000, und ab Mai 2003 den U5000 und löst die seitherigen Baureihen 427 und 437.1 ab.
Das Unimog-Programm gliedert sich nun in die Geräteträger der Baureihe 405 und die hochgeländegängigen Fahrzeuge der Baureihe 437.4. Ab Oktober wird die Baureihe 405 in Nordamerika angeboten.

Baureihen und Verkaufsbezeichnungsübersicht

Baureihe	Hersteller	Umfasst folgende Fahrzeuge entsprechend Verkaufsbezeichnung
70200	Boehringer	Unimog, U25
2010	Mercedes-Benz	Unimog, U25
401	Mercedes-Benz	Unimog, U25
402	Mercedes-Benz	Unimog, U25
403	Mercedes-Benz	U54/403,U66/403,U72/403,U800
404	Mercedes-Benz	Unimog S, U404.1, U404.0, U60/404, U80/404, U82/404, U91/404, U110/404, UL820B, UL1100B
405	Mercedes-Benz	Unimog SH, Unimog T
405 ab 2000	Mercedes-Benz	U300, U400, U500
406	Mercedes-Benz	U65/406, U70/406, U80/406, U84/406, U100/406, U65T, U70T, U80T, U900
407	Mercedes-Benz	U600, U650, U650L
408	Mercedes-Benz	U90, U90 turbo, U100L, U100L turbo
409	Mercedes-Benz	UX100M, UX100H
411	Mercedes-Benz	U25/411, U30/411, U32/411, U34/411
413	Mercedes-Benz	U72/413, U80/413, U800L
416	Mercedes-Benz	U80/416, U90/416, U100/416, U110/416, U125/416, U1100, U1100L, U1100T, U80T, U90T, U100T, U110T
417	Mercedes-Benz	U800, U900, U1100T, U1150, U1150L
418	Mercedes-Benz	U110, U130, U140, U140L, U140T
419	Mercedes-Benz	Freightliner Military Tractor SEE, HME, HMMH
421	Mercedes-Benz	U40/421, U45/421, U52/421, U60/421, U40T, U45T, U55T, U60T, U600, U600L, U600T
424	Mercedes-Benz	U1000, U1000T, U1200, U1200T, U1250, U1250L, U1550, U1550L
425	Mercedes-Benz	U125/425, U150/425, U1300, U1500, U1500T
426	Mercedes-Benz	Lizenzfertigung Argentinien – Basis U416
427	Mercedes-Benz	U1000, U1200, U1200T, U1250, U1250L, U1400, U1450, U1450L, U1600, U1650, U1650L
431	Mercedes-Benz	Lizenzfertigung Argentinien – Basis U421
435	Mercedes-Benz	U1300L, U1700, U1700L
436	Mercedes-Benz	Lizenzfertigung Türkei – Basis U435, U437, U1300L, U1700L
437	Mercedes-Benz	U1350L, U1550L, U1700, U1700T, U1750, U1750L, U1800, U1800T, U1850, U2100, U2100T, U2150, U2150L, U2400, U2400TG, U2450, U2450L, U2450L 6×6
437.4	Mercedes-Benz	U3000, U4000, U5000

Dieses stimmungsvolle Bild entstand Ende der 1950er Jahre in Aichach. Es zeigt einen U25 der Baureihe 401 des Gemeindebauhofes im winterlichen Wald. Gut zu erkennen die Geräteanbauplatte mit dem Luftzylinder, der über einen deutlich größeren Durchmesser verfügt als die spätere hydraulische Ausführung. (42)

Rechts: Der Prototyp U2 wurde Ende 1951 an das Zimmereigeschäft Hurrle in Gaggenau verkauft. Mit einem Linder-Anhänger versehen, diente das Gespann zum Transport von Bauholz und Zimmerleuten auf die Baustellen. Das Foto wurde Ende der 1950er Jahre aufgenommen und zeigt das Fahrzeug schon mit nachgerüsteten Blinkern und zweitem Scheibenwischer, aber noch mit dem alten schwarzen Kfz-Kennzeichen. Interessant auch die verschiedenen Reifenprofile an Unimog und Anhänger. Nachdem der U2 Anfang der 1960er Jahre durch einen neuen Unimog ersetzt wurde, verliert sich leider seine Spur. (02)

Die Baureihen 70200, 2010, 401, 402, 411

Nach dem Bau von sechs Prototypen bei der Firma Erhard & Söhne in Schwäbisch-Gmünd begann im März 1949 bei der Maschinenfabrik Boehringer in Göppingen die Serienfertigung des Unimog. Bis März 1951 entstanden hier genau 600 Fahrzeuge der Baureihe 70200. Mit der Übernahme des Unimog-Bereiches durch die Daimler-Benz AG wurde die Baureihenbezeichnung in 2010 abgeändert. Von Mai 1951 bis 1953 wurden in Gaggenau 4804 Fahrzeuge gebaut. 1953 erfolgte die Einführung des Nummernschemas 400, das bis heute Gültigkeit besitzt. Die gleichzeitig eingeführte Baumusterbezeichnung erlaubt ein genaues Zuordnen des Fahrzeuges.

Die ersten Baureihen mit dem neuen Nummernschema waren die Baureihen 401 (kurzer Radstand 1720 mm) und 402 (langer Radstand 2120 mm). Bis August 1956 entstanden 10 928 Fahrzeuge vom U401 und 518 Fahrzeuge vom U402. Die Ablösung erfolgte durch die Baureihe 411, die bis 1974 produziert wurde. Sie erreichte eine Stückzahl von 39 851 Einheiten, die sich auf die Untervarianten 411, 411a, 411b und 411c aufteilen.

Verkaufsbezeichnungs- und Baumusterübersicht:

70200:	
Unimog, U25	70200,a,b,c..... (Ausstattungsvarianten)
2010:	
Unimog, U25	2010, 1-8,M.... (Ausstattungsvarianten)
401:	
Unimog, U25	401.101, 401.102, 401.103, 401.104, 401.105
402:	
Unimog, U25	402.101, 402.102, 402.103, 402.104, 402.105
411:	
U25	411.116
U30	411.111, 411.113
U32	411.110, 411.112, 411.117
U34	411.118, 411.119, 411.120
U36	411.114
U36	411.115

Unten: Eine der Prämissen der Unimog-Entwicklung war der Gedanke, dass der Unimog dort fahren sollte, wo ein Pferd gehen kann. Entsprechend wurden auch die Arbeiten, die früher mittels Menschen- und Tierkraft erledigt wurden, nun ein Fall für den Unimog. Waren es zuerst nur relativ einfache Anbaugeräte wie der abgebildete Heurechen, so trugen immer komplexere Anbaugeräte entscheidend zum vielfältigen Einsatzspektrum des Unimog bei. Wie an den hinter dem Kühlergrill liegenden Scheinwerfern zu erkennen ist, handelt es sich bei dem Boehringer-U25 (Baureihe 70200) um eines der ersten 100 Fahrzeuge. Danach wanderten die Scheinwerfer in den Kühlergrill. (54)

Schon bald machte man sich Gedanken, wie der Unimog auch außerhalb der Landwirtschaft einzusetzen sei. Eine mögliche Abart waren Sattelschlepperversionen. Das Foto zeigt einen Unimog-Prototyp (siehe Radnaben) auf Basis des U25 (Baureihe 2010). Auch der Auflieger ist ein Prototyp, der unter anderem im Werk Gaggenau für Transporte eingesetzt wurde. Das Foto zeigt den Zug beim Aufladen eines Betonmischers mit Hilfe der eingebauten Seilwinde. Eine Besonderheit der Sattelschlepperversionen war die Durchführung eines Nebenantriebes durch die Sattelkupplung. So konnten auf den Aufliegern montierte Geräte wie Seilwinden, Generatoren, Pumpen direkt angetrieben werden. Spätere Sattelschlepperversionen waren dann auf dem langen Fahrgestell der Baureihe 402 aufgebaut. (02)

Für die Sattelschlepper-Versionen boten dann bekannte Anhänger- und Aufbauhersteller wie Haller, Meiller oder Müller-Mitteltal Auflieger an. Die Palette reichte über Müll- und Sprengwagen, Brauerei- und Kipp-Pritschen, Viehtransportaufbauten bis zu den Sonderfahrzeugen wie etwa dem Donges-Kran. Dieses Foto zeigt ebenfalls einen der ersten Sattelschlepper auf U25 der Baureihe 2010. Aufgesattelt ist ein Meiller-Einachs-Kippauflieger, der bei Erdaushubarbeiten in einem Flussbett gerade von einem O&K-Seilbagger beladen wird. Deutlich zu erkennen ist das schmale Vorderteil des Aufliegers, das ein ungehindertes Durchschwenken bis zu 90 Grad ermöglicht, und die aufgelegte Zwillingsbereifung an der Unimog-Hinterachse. (02)

Die ersten Unimog wurden einer umfassenden Erprobung aller Betriebszustände unterzogen. Das Foto zeigt einen U25 der Baureihe 2010 bei Tests mit dem frontseitig angebauten Seitenmähwerk. Auf der Pritsche befinden sich diverse Ballastgewichte, die zum Teil an Auslegern montiert sind. Ein nettes Detail ist die heckseitig angebrachte Wasserwaage, die sich in einer Astgabel abstützt. (02)

Dieses Foto zeigt einen U25 der Baureihe 401, der einem Sammler in Belgien gehört. An der Hinterachse ist eine Zwillingsbereifung montiert, wie sie oft an Zugmaschinen angebracht wurde, die im Straßenbetrieb oder auf Betriebsgelände schwere Anhänger ziehen mussten. Je nach Anhängelast konnte dann zusätzlich die Pritsche ballastiert werden. (31)

Um das zeitraubende Ein- und Ausbringen der Milchkühe zum Melken zu vermeiden, gab es für den Unimog eine Weidemelkanlage, die eine Milchentnahme vor Ort möglich machte. Sie wurde von den Firmen Alfa-Laval und Westfalia angeboten. Der Antrieb erfolgte über die hintere Zapfwelle mittels Zahnkranz und Rollenkette, wie auf dem Foto gut erkennbar ist. Die Anlage benötigte nur wenig Platz, so dass noch genügend Raum auf der Pritsche blieb, um acht Milchkannen zu befördern. Das Anfang der 1950er Jahre aufgenommene Foto zeigt einen U25 der Baureihe 2010. (02)

Einen U25 der Baureihe 402 zeigt dieses Foto. Der Hauptunterschied zur Baureihe 401 liegt im Radstand, der beim U401 1720 mm und beim U402 2120 mm beträgt. Das abgebildete Fahrzeug trägt einen Siloaufbau für Bindemittel und wird zur Waldkalkung eingesetzt. Am Heck noch vage zu erkennen ist das Gebläse, mit dem der Kalk in die entsprechenden Waldgebiete ausgebracht wird, so dass ein direktes Befahren nicht nötig ist. Ein interessantes Detail sind die vorderen Winker, die etwas vom Fahrerhaus entfernt angebracht sind und schon über eine zusätzliche Blinkleuchte verfügen. (02)

Schon ab 1952 bot die Firma Alfred Schmidt eine Schneefräse für den U25 der Baureihe 2010 an. Als Antrieb für die Schneefräse diente ein separater Lkw-Motor mit 85 PS Leistung, dessen Antriebswelle mitten durch das Fahrerhaus ging. Aufgrund der geringen Maße von vermeintlichen Fachleuten anfangs belächelt, konnte diese Kombination sehr schnell durch ihr Leistungsvermögen überzeugen. Die Partnerschaft zwischen dem Unimog-Bereich und der Firma Schmidt brachte im Laufe der Jahre viele Anbaugeräte hervor, und Schmidt-Schneefräsen auf Unimog-Fahrgestellen sind weltweit im Einsatz zu finden. Das Foto entstand während einer Winterdienstvorführung im Schwarzwald im Januar 2001. Es zeigt eine restaurierte und in Werksbesitz befindliche Schneefräse auf einem U25 der Baureihe 401. (31)

Zum Aufspüren von Gasleitungen und möglicher Leckagen setzte die Firma Hermann Sewerin in Gütersloh Anfang der 1960er Jahre europaweit über 20 Unimog bei Gasspürtrupps ein. Pro Kilometer Leitungsnetz mussten 100 bis 500 fingerstarke Löcher bis zu 35 cm tief geschlagen werden, um mittels Sonden auf vorhandenes Gas/Luftgemisch zu prüfen. Das Schlagen der Löcher schräg oberhalb der Rohrachse erfolgte mittels spezieller Presslufthämmer. Die dafür nötige Pressluft lieferte ein Vorbaukompressor. Das Foto zeigt einen U25 der Baureihe 2010. Neben der auffälligen rot/weißen Lackierung und den Warnschildern fällt das nach oben gezogene Auspuffrohr auf. Zum Zeitpunkt der Aufnahme war auch wohl kein zündfähiges Gas/Luftgemisch vorhanden, da sich der Fahrer gerade eine Zigarette anzündet. (02)

Schon recht bald erkannten auch Anwender außerhalb der Landwirtschaft das Einsatzpotenzial des Unimog. Dieses Foto zeigt den Abschleppwagen der Baden-Badener Verkehrsbetriebe beim Einsatz im winterlichen Schwarzwald. Der mit einem Suchscheinwerfer ausgerüstete U25 (Baureihe 2010) trägt eine seitlich befestigte Abschleppstange. Ebenso wurden die Felgen gedreht, was eine deutlich breitere Spur ergibt, des Weiteren sind an allen Rädern Gleitschutzketten aufgezogen. Bei den Omnibussen im Hintergrund handelt es sich überwiegend um Mercedes-Benz O3500. (02)

Um auch lenkunfähige Fahrzeuge abschleppen zu können, wurde eine entsprechende Abschleppbrücke für den Unimog der Baureihe 2010 entwickelt. Dabei waren viele Teile wie Radnaben, Felgen, Reifen baugleich mit den entsprechenden Unimog-Bauteilen, was die Ersatzteilversorgung vereinfachte. Das Foto zeigt einen U25 der Baureihe 2010 bei einer Vorführung. Ab 1953 wurden entsprechende Fahrzeuge dann bei den Instandsetzungs- und Notstandszügen des Bundesgrenzschutzes eingesetzt. (02)

Auf fast jedem Flughafen der Welt kann man den Unimog im Fuhrpark finden. Entsprechend seiner Vielseitigkeit sind den Einsatzmöglichkeiten kaum Grenzen gesetzt. Eine davon ist der Einsatz als Flugzeugschlepper. Dass dies schon in den 1950er Jahren praktiziert wurde, zeigt das in Berlin-Tempelhof aufgenommene Foto. Ein U25 der Baureihe 2010 zieht eine Douglas DC 3 auf den Abstellplatz. (02)

Bei einer Erprobung durch die Deutsche Bundesbahn wurde dieses Bild aufgenommen. Es zeigt einen U25 der Baureihe 401, der einen Spezialanhänger zieht. Der Anhänger ist für den Zweiwegeeinsatz mit Spurkränzen an den Felgen sowie Puffern versehen. Gut zu erkennen ist, dass der Unimog mit seiner schmalen Spurweite genau zwischen die Gleise passt. (19)

Die Schweizer Armee gehörte zu den ersten Exportkunden und ist über die Jahre ein treuer Abnehmer vieler Unimog diverser Baureihen geblieben. Da sich ein Großteil der Fahrzeuge auch nach Jahrzehnten noch in einem sehr guten Zustand befindet, sind sie nach der Ausmusterung sehr begehrt. Dieser U25 der Baureihe 401 wurde auf dem Unimog-Vierländertreffen in Buchs im Mai 2002 fotografiert. An der vorderen Anbauplatte ist ein Hubstapelmast montiert. Typisch für die Schweizer Ausführungen des U25 sind die großen Blinker und die Lagerung von Schanzwerkzeug und Abschleppseil am Fahrerhaus. (31)

Diese Daimler-Benz-Archivaufnahme zeigt den kompletten Fuhrpark eines mobilen Hospitals des Deutschen Roten Kreuzes vor der Auslieferung. Neben 18 Lkw der Typen LA/L 3500 mit Planen- bzw. Kofferaufbau findet sich im Vordergrund des Fotos auch ein U25 der Baureihe 401. Leider ließ sich nicht ermitteln, zu welchem Zweck das Fahrzeug eingesetzt war. Denkbar wäre es sowohl als Abschlepp- und Bergefahrzeug als auch als Transportfahrzeug für Mannschaften und Gerät in schwierigem Gelände. (02)

Ab 1953 wurde für den Unimog wahlweise ein geschlossenes Fahrerhaus angeboten. Es wurde von der Firma Westfalia im Lohnauftrag gefertigt und intern als Typ B bezeichnet. Bereits in „Das Buch vom Unimog" war auf Seite 30 dieser restaurierte U25 der Baureihe 401 zu sehen. Zwischenzeitlich wurde das Fahrzeug mit einem schnell wechselbaren Vorbaukompressor der Firma Electron (Baujahr 1959) für die Erzeugung von Pressluft versehen. Dieser Vierzylinder-Kolbenkompressor wird von der vorderen Zapfwelle angetrieben und erbringt eine Ansaugleistung von 2200 U/min bei 5 bar, wobei bis zu 6 bar Betriebsdruck möglich sind. (31)

Schon ab der Mitte der 1950er Jahre wurden Unimog-Fahrgestelle für Sonderfahrzeuge zu Triebköpfen mit reinem Vorderachsantrieb umgebaut. Das Foto entstand um 1954 und zeigt einen U25 der Baureihe 401 mit Streicher-Kehrmaschinenaufbau. Die Kehrmaschine arbeitete noch rein mechanisch ohne Saugeinrichtung. Die Kehrbreite betrug 2,5 Meter, die Arbeitsgeschwindigkeit 4 bis 8 km/h. Das Fassungsvermögen des Wechselbehälters für den Kehricht betrug 1,1 Kubikmeter, weiterhin wurden 800 Liter Wasser für die Sprüheinrichtung mitgeführt. Gut zu erkennen ist der Antrieb des Rinnsteinbesens durch eine Gelenkwelle. (02)

Als innerstädtische Zugmaschine für den Verteilerverkehr erfreute sich der Unimog recht schnell zahlreicher Anwender. Das Foto zeigt einen U25 der Baureihe 411 im Einsatz bei einer Brennstoffhandlung. Mittels des Kohlen-Kuli-Anhängers, von dem oft auch zwei von einem Unimog gezogen wurden, erfolgte die Kohlenanlieferung zum Kunden. Dieser Anhänger verfügte über einen eigenen Motor zum Antrieb der Födereinrichtung. Je nach Gegebenheit kam die Kohle dann manuell, über Schütten oder ein Förderband zum Lagerplatz. Die kurze Bauweise und die hohe Wendigkeit des Unimog ermöglichten dem Gespann, auch beengte Abladestellen in Hinterhöfen oder Gewerbebetrieben zu erreichen. (02)

Neben Rangierarbeiten auf den oft recht engen Brauereihöfen wird der Unimog auch als Auslieferfahrzeug für die nähere Umgebung eingesetzt. Das Foto zeigt ein solches Gespann aus den 1950er Jahren. Es gehörte zum Fuhrpark der Brauerei Robert Leicht in Stuttgart-Vaihingen. Zugfahrzeug ist ein U25 der Baureihe 401, der einen Schenk-Zweiachs-Anhänger zieht. Die Pritschenbordwände am Unimog erhielten einen umlaufenden Rahmen, um eine größere Stapelhöhe für die Bierkästen und Fässer zu erreichen. (44)

Rechts: Als nach der Entwicklung und dem Bau der Prototypen die Serienfertigung an die Firma Boehringer übergegangen war, lieferte man bei Erhard & Söhne Baugruppen nach Göppingen. Darüber hinaus entwickelte man aber auch einige neue Anbaugeräte, um den Unimog noch vielseitiger einsetzen zu können. Eines davon war der Mastenziehbock zum Ausziehen von Telegrafenmasten und Ähnlichem. Dieser wurde am hinteren Rahmenende angebaut und mittels der Heckseilwinde vom Typ 3500 H betrieben. Es wurde dabei eine Zugkraft bis zu 2,5 Tonnen erzeugt. Das Foto zeigt einen U25 der Baureihe 401 beim Ausziehen eines Mastes. Frontseitig ist ein Vorbaukompressor mit einer Leistung von 2200 Litern in der Minute angebaut. (02)

Unten: Mit der Einführung des geschlossenen Fahrerhauses eroberte der Unimog rasch auch neue Aufgabengebiete in der Industrie. Gegenüber den dort seither eingesetzten Traktoren und Schleppern bot er viele Vorteile wie mehr Komfort, Wirtschaftlichkeit, vielseitige Einsatzmöglichkeiten durch Anbaugeräte und eine höhere Geschwindigkeit. Das Foto zeigt einen U25 der Baureihe 401, der bei den Kieler Howaldtswerken eingesetzt war. Mittels eines Rungenanhängers werden Schiffbauteile zum Einbauort transportiert. (02)

Dieser U25 der Baureihe 402 weist mehrere Details auf, die auf einen Einsatz in einer Wüstengegend schließen lassen. Neben Sandreifen und einem höhergelegten Luftansaugrohr verfügt das Fahrzeug auch über ein so genanntes Isolierdach, das die direkte Sonneneinstrahlung auf das Fahrerhausdach verhindern soll. Weitere Ausstattungsmerkmale sind die integrierte Reserveradhalterung an der linken Bordwand sowie der Suchscheinwerfer vorne rechts. (02)

Anfang der 1950er Jahre beschaffte die französische Armee für ihre bei uns stationierten Truppen große Stückzahlen an Fahrzeugen aus deutscher Produktion. Dieser U25 der Baureihe 402 diente als Funk- und Kommandofahrzeug und verfügt über einen geschlossenen Aufbau. Mehrere Details fallen ins Auge, so die ausgesparte Klappe für das Reserverad, der kleine Tarnscheinwerfer auf der vorderen Stoßstange oder die Blechabdeckung vor dem Kühlergrill, hinter der sich eine verstärkte Lichtmaschine befindet. (02)

Insbesondere in der Landwirtschaft ermöglichte eine immer größere Zahl von Anbaugeräten den universellen Einsatz des Unimog. Das Foto zeigt einen U30 der Baureihe 411, der als Erntefahrzeug mit einem Hassia-Maispflücker und Ladebunker ausgestattet ist. Das Fassungsvermögen des Ladebunkers beträgt 1,68 m^3. Gut zu erkennen ist der seitliche Ausleger zum Kippen des Ladebunkers. Zusätzlich verfügt das Fahrzeug über einen Zyklon-Luftfilter am Ansaugstutzen. (02)

Als Trägerfahrzeug für eine Schneefräse ist dieser Unimog U25 der Baureihe 411 im tschechischen Harrachov im Einsatz. Die Fräse stammt von der Schweizer Firma Rolba und wird durch einen auf der Pritsche montierten Lkw-Sechszylinder-Dieselmotor mit 92 kW Leistung angetrieben. Besonders die Schweizer Armee verfügte über eine große Anzahl dieser Fahrzeuge. Daher ist anzunehmen, dass es sich um ein ausgemustertes Militärfahrzeug handelt, das nun im zivilen Sektor weiter gute Dienste leistet. (64)

Bei der Winterolympiade 1964 in Innsbruck gab es einen unvorhergesehenen Schneemangel, der viele Wettbewerbe in Frage stellte. Retter in der Not war der Unimog. Der im ganzen Umland gesammelte Schnee wurde mittels Unimog-Schneefräsen auf Lkw und Unimog verladen. Über bis zu 60-%-Steigungen wurden tausende Kubikmeter des kostbaren Gutes von einer Unimogflotte, bestehend aus den Typen U411 und U406, zu den Startplätzen an der Schanze in Seefeld sowie zur Herrenabfahrt am Patscherkofel gebracht. Das Foto zeigt einen Unimog der Baureihe 411 beim Entladen am Patscherkofel. (02)

In Neresheim ist diese Großflächenspritze unterwegs. Sie entstand 1985 im Eigenbau auf Basis eines Unimog Baureihe 411, Baujahr 1965. Für den Vortrieb sorgt ein 2,2-l-Vierzylinder-Diesel eines Mercedes-Pkw. Dies erforderte umfangreiche Anpassungsarbeiten. So wurden unter anderem Kühler und Luftfilter versetzt. Aufgebaut ist eine Spritze der Firma Platz mit 15 Metern Arbeitsbreite, kombiniert mit einem Holder-Rührwerk. Es werden 1250 Liter Spritzmittel in einem Edelstahltank mitgeführt, der Druck beim Ausbringen beträgt 1,2 bar. An der Fahrzeugfront befindet sich ein Tank mit 165 Litern Reinigungswasser. Die schmale, aber hohe Bereifung der Größe 8.3-32 gibt dem Fahrzeug eine besondere Optik. (27)

Oben: In Eltingen bei Leonberg ist dieser U34 der Baureihe 411c zu Hause. Das Fahrzeug mit langem (2120 mm) Radstand ist Baujahr 1965 und wird nach einer Totalrestauration noch gelegentlich bei Gartenbauarbeiten eingesetzt. Das Fahrzeug verfügt über eine Hydraulikanlage, Kipp-Pritsche, einen Heckkraftheber, Zapfwellen vorne und hinten, eine Frontanbauplatte sowie einen seitlich angebauten Seilzug, wie er häufig im Weinbau verwendet wird. (47)

Rechts: Der Seilbahnbau in den Alpen gehört mit zu den schwierigsten Bauvorhaben. Oft müssen schwere und sperrige Lasten über enge und unzureichend befestigte Straßen zum Einbauort gebracht werden. Schon seit den 1950er Jahren ist dies ein Aufgabengebiet für den Unimog, da er aufgrund seiner geringen Abmessungen, Wendigkeit und hohen Zugkraft bei unübertroffener Geländegängigkeit dafür prädestiniert ist. Das Foto zeigt zwei Unimog der Baureihe 411 mit Salzburger Zulassung beim Transport eines Aggregates für eine Seilbahn. (02)

Schon seit den 1950er Jahren fertigt die Firma FMG (vormals Karl Maier) in Österreich aus Gusswerk Aufbauten und Kran-Tragrahmen für den Unimog. Bislang über 8000 Tragrahmen für Kräne von 2 bis 40 mt entstanden so für alle Unimog-Baureihen. Mit zu den größten Kunden zählt die Partek-Gruppe, zu der auch der Kranhersteller Hiab gehört. Das Foto zeigt einen Hiab-Kran der Baureihe 192, der 1957 auf einem U32 der Baureihe 411 aufgebaut wurde. Zusätzlich verfügt das Fahrzeug über eine Drehrunge auf der Pritsche. Solcherart ausgerüstet kamen die Fahrzeuge beim Rohrleitungs-, Langmaterial- und Holztransport zum Einsatz. (17)

Bei Bauarbeiten im Berchtesgadener Land wurde dieses Foto aufgenommen. Es zeigt einen Sattelschlepper U30 der Baureihe 411 mit aufgesatteltem Donges-Kran. Dieser Kran verfügt über eine maximale Hubkraft von 3000 kg. Der Antrieb des Kran-Generators erfolgt über den Unimog-Nebenabtrieb, der durch die Sattelkupplung geführt wird. Eingesetzt wurde das Fahrzeug von der Firma Klapfenberger Metall+Schwimmbeckenbau in Trostberg. (52)

In den Senegal wurde dieses außergewöhnliche Waldbrandlöschfahrzeug geliefert. Als Basis diente ein U30 der Baureihe 411. Auf der Pritsche fand ein 800 Liter fassender Wassertank Platz. Über die vordere Zapfwelle wurde eine Platz-Pumpe vom Typ Drilling I angetrieben. Diese verfügt über eine Leistung von 60 Litern in der Minute bei 50 bar Druck. Neben der Brandbekämpfung dient das Fahrzeug auch zur Ausbringung von Pflanzenschutzmitteln. Ein über die gesamte Fahrzeuglänge reichendes Astabweisergestänge schützt Fahrerhaus und Aufbau vor Beschädigungen. Gut zu erkennen ist die Sirene und der kleine Arbeitsscheinwerfer am rechten Scheibenrahmen. Auf dem angekoppelten Müller-Einachs-Anhänger, der über die gleiche Bereifung wie der Unimog verfügt, werden die Besatzung und zusätzliche Geräte mitgeführt. (02)

Unten: Dieser U32 der Baureihe 411a dient als Zweiwege-Rangierfahrzeug im innerbetrieblichen Transport. Er ist mit Spezial-Gummi-Eisenbahnrädern der Firma Michelin ausgerüstet. Da diese über einen Spurkranz verfügen, ist eine Schienenführung über Gleitkufen oder Rollenspurhalter nicht nötig. Wenn eine Waggonbremsanlage eingebaut ist, sind Anhängelasten bis 80 Tonnen zulässig. Gut erkennbar auch die vordere verstärkte Stoßstange mit einer kleinen Rangierkupplung. (02)

Was Einfallsreichtum und handwerkliche Fähigkeiten bewerkstelligen können, ist auf den Seiten 61 und 62 zu sehen. Doch bereits früher entstanden in der Werkstatt der Gebrüder Stolz in Schönwag im Allgäu ausgefallene Unimog-Umbauten. Ein Beispiel ist dieses Fahrzeug, von den Erbauern „Schluchtenflitzer" getauft. Auf der Basis eines ausgedienten U25 entstand ein Hofschlepper, der bis heute im Einsatz ist. Der Radstand wurde verkürzt und ein Mercedes-Benz-OM-636-Dieselmotor mit 43 PS aus einem Mähdrescher eingebaut. Dieser verfügt gegenüber den im Unimog eingebauten Baumustern über mehr Leistung. Ein Überrollbügel dient dem Schutz des Fahrers, der wohl über eine einzigartige Sicht und Zugänglichkeit zu den Komponenten verfügt, wenn auch mit etwas geringerem Wetterschutz. (31)

Unten: Dieses im März 2002 entstandene Foto zeigt ein „Unikum" auf der Basis eines U30 der Baureihe 411. Es dient bei der Laber-Bergbahn als Winterdienstfahrzeug. Das serienmäßig offene Fahrerhaus musste allerdings irgendwann einmal seinen Platz für die Kabine eines VW-T2-Transporters räumen! (26)

Recht schnell erkannte man die Vorzüge des Unimog in der Bauwirtschaft. Als dann ab 1953 auch ein geschlossenes Fahrerhaus verfügbar war, wuchs die Anzahl der im Baugewerbe eingesetzten Unimog recht schnell. Diese zeitgenössische Aufnahme zeigt einen U30 der Baureihe 411 bei der Anlieferung von Dämmmaterial auf einer Baustelle. Dabei stellen aufgeweichte und unbefestigte Zufahrten kein Problem dar. (02)

Unten: Ab 1956 wurde das geschlossene Fahrerhaus in einer deutlich vergrößerten Ausführung angeboten. Es wurde ebenfalls von der Firma Westfalia im Lohnauftrag gefertigt, die interne Bezeichnung lautete DvF. Dieses Foto zeigt einen Vorführzug der Firma Klaus in Memmingen. Das Zugfahrzeug, ein Unimog der Baureihe 411, wurde mit dem Klaus-Lader HK1 ausgestattet. Auf dem mitgeführten Anhänger befinden sich die zur Verfügung stehenden Werkzeuge wie verschiedene Greifer, Leiteraufsatz, Holzzange und Rohrverlegearm. Mit diesen Werkzeugen konnte man die unterschiedlichsten Arbeiten mit nur einem Grundgerät durchführen. Der HK1 ist als Schnellwechselgerät konzipiert, so dass nach dem Abbau die normale Pritsche für andere Aufgaben zur Verfügung steht. (31)

Der bekannte Motorsägenhersteller Stihl unterhält in Waiblingen und Umgebung mehrere Werke. Für den Winterdienst, das Hofreinigen und für allgemeine Transportaufgaben ist dieser U34 der Baureihe 411 im Einsatz. Auf dem Foto gut zu erkennen sind die vorderen Anbaubeschläge mit Geräteplatte zum Anbau diverser Geräte. (31)

Auch nach über 40 Arbeitsjahren ist dieser Unimog der Baureihe 411 noch immer als „Hofhund" bei einer Münchner Spedition unermüdlich im Einsatz. Das im März 2002 in Pasing aufgenommene Foto zeigt ihn mit einer angebauten Ladeschaufel. Um auch den Nichtfachleuten deutlich zu machen, aus welchem Stall das Fahrzeug stammt, wurde kurzerhand neben dem rechten Scheinwerfer ein Mercedes-Stern angebracht, da der originale und im Durchmesser etwas kleinere normalerweise von der Anbauplatte verdeckt wird. (31)

Die französische Firma Poclain gehört mit zu den ersten Firmen, die Hydraulikbagger entwickelt und angeboten haben. Einen Anhängebagger beim Aushub in einem Moorgebiet zeigt dieses Foto. Als Zug- und Antriebsmittel dient ein U32 der Baureihe 411. Bei genauem Hinsehen erkennt man hinter der Bordwand die Zapfwelle zum Antrieb des Baggers. Sowohl der Unimog als auch der Bagger sind mit Gitterrädern versehen, die mit Schnellverschlüssen auf der Felge befestigt werden. Diese sollen den Bodendruck vermindern und ein Absinken in weiche Untergründe vermeiden, was auf dem Gelände, das dieses Foto zeigt, nicht so sonderlich gut funktioniert hat. Wobei es für den allradangetriebenen Unimog mit Differenzialsperren in beiden Achsen kein großes Problem sein dürfte, wieder festen Untergrund zu erreichen. (02)

Unten: Korrosionsschäden im Frontbereich dürften bei diesem U34 der Baureihe 411 eher unwahrscheinlich sein. Das Fahrzeug, das im Mai 2001 fotografiert wurde, dient der Ausbringung von Bindemittel wie Teer, Bitumen oder Asphalt bei Straßenbelagsarbeiten. Das Bindemittel wird in einem Tank auf der Pritsche mitgeführt. Auffällig ist hier die Verlegung des Luftansaugrohres hinter das Fahrerhaus. (43)

Im Rahmen der Entwicklungshilfe sowie als Gastgeschenk bei Staatsbesuchen waren Clinomobile sehr begehrt. Diese fahrbaren Arztpraxen halfen den Empfängerländern, die medizinische Versorgung der Bevölkerung auch abseits der großen Städte sicherzustellen. Da die Einsatzorte oft nur über unbefestigte Straßen und fernab jeglicher Infrastruktur zu erreichen waren, diente hierbei der Unimog sehr oft als Basis- oder Zugfahrzeug. Das Bild zeigt einen U30 der Baureihe 411 mit Anhänger, der nach Guinea ging. Beide Fahrzeuge sind mit Sonnendächern ausgerüstet. Auf der Unimog-Pritsche befindet sich ein Stromaggregat mit dem dazugehörenden Kraftstoff. Zusätzlich verfügt der Unimog noch über eine Frontseilwinde. (02)

Als Versorgungsfahrzeug für den Maschinenpark in einem Steinbruch dient dieser Unimog-Triebkopf der Baureihe 411. Gut erkennbar die deutlich schmalere Hinterachsbereifung des angeflanschten Rahmenteils, auf dem der Tankaufbau montiert ist. Entsprechend dem Warnschild wird zum Zeitpunkt der Aufnahme Dieselkraftstoff transportiert. (21)

Rechts: Dieses Foto zeigt einen der ersten Unimog S der Baureihe 404 bei der Geländeerprobung. Gut zu erkennen ist die Anpassung an das Gelände durch das Verschränken der Achsen und des verwindungsweichen Rahmens. Die ersten Fahrzeuge dieser Baureihe hatten noch einen kurzen Radstand von 2350 mm und eine andere Frontgestaltung des Fahrerhauses, die noch stark an den U401 erinnerte. Die späteren Serienfahrzeuge erhielten dann Radstände von 2670 und 2900 mm, auch das Fahrerhaus wurde runder und eigenständiger gestaltet. (02)

Die Baureihen 404.0 und 404.1

Waren die bisherigen Unimog noch als Zugmaschine oder landwirtschaftliches Arbeitsgerät mit Dieselmotor konzipiert und im Einsatz, so erschien 1955 mit der Baureihe 404.1 ein leichter Gelände-Lkw mit einem Sechszylinder-Benzinmotor. Bis zum Produktionsende 1972 entstanden 62 451 Einheiten, was sie bis heute zur stückzahlmäßig größten Unimog-Baureihe macht. Die Nachfolge trat die Baureihe 404.0 an, die bis 1981 in der Produktion war, und es auf 1791 Fahrzeuge brachte. Diese Baureihe verwendete das Fahrerhaus der Baureihe 406/416, was die Zuordnung eindeutig macht.

Verkaufsbezeichnungs- und Baumusterübersicht:

404.1:

U80	404.111
U80	404.112
U404, Unimog S	404.113, 404.114, 404.115, 404.117

404.0:

U82, UL820B	404.010, 404.011
U110, UL1100B	404.012, 404.013

Unten: Auf einem Gutsbetrieb unweit des Chiemsees in Oberbayern ist dieser Eigenbau im Einsatz. Auf der Basis eines ausgemusterten Unimog S (Baureihe 404.1) der Bundeswehr entstand in Eigenarbeit ein selbst fahrender Ladewagen. Dass dieses Fahrzeug einmal ein Unimog war, erkennt man auf den ersten Blick nur noch an den Felgen. Markant auch der nach links herausgebaute Bedienstand. (31)

Bei einem Unimog-Treffen in Neuwied im Juli 2002 entstanden diese Fotos. Aus einem ausgemusterten Krankenwagen der Bundeswehr entstand dieses Fahrzeug. Das ehemals offene Faltverdeckfahrerhaus wurde geschlossen und ein neuer Aufbau angefertigt. Am Heck fand ein kleiner Hiab-011-Ladekran Platz. Die Firma Hild-Schulmöbel in Rengsdorf setzt den Unimog S der Baureihe 404.1 zum Transport von Kurzholz aus den Waldlagerplätzen zur Fabrik ein. (31)

Die Deutsche Bundespost verfügte ebenfalls über einen großen Unimog-Fuhrpark. Neben der Verwendung als Zugmaschine, Kabelziehwinde, Kabeltrommeltransporter, Übertragungswagen, Messfahrzeug und Feuerwehrfahrzeug kamen viele Unimog der verschiedensten Baumuster als Lkw oder Bautruppwagen zum Einsatz. Das Foto zeigt einen Unimog S der Baureihe 404.1 mit Doppelkabine und Dachgepäckträger. Neben der fünfköpfigen Besatzung konnte man auf der Pritsche noch eine Nutzlast von 1990 kg mitführen. Die zulässige Anhängelast betrug bei gebremsten Anhängern 4400 kg. (07)

Der Flughafen der österreichischen Hauptstadt in Wien-Schwechat bekam in den 1960er Jahren dieses formschöne Rettungsfahrzeug auf Basis eines Unimog S der Baureihe 404.1. Den Aufbau fertigten die Brentenwerke. (03)

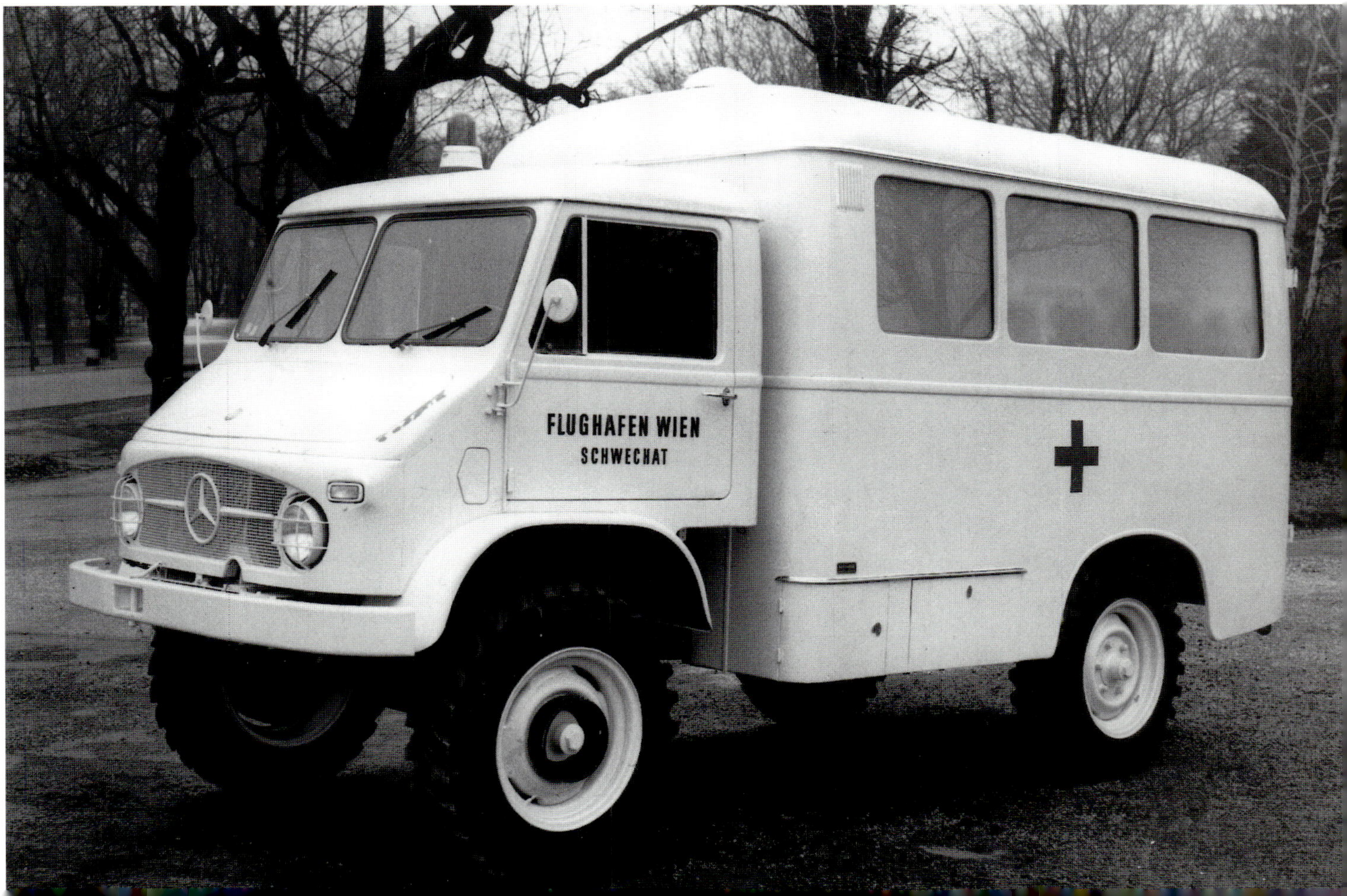

Ein recht merkwürdiges Fahrzeug besitzt die Feuerwehr Loures in Portugal zur Waldbrandbekämpfung. Laut Fahrgestellnummer ist es ein Unimog S der Baureihe 404.1. Hierzu passen aber die Radnaben und die Motorhaube nicht, die von einem Unimog der Baureihe 416 stammen dürften. Der Aufbau wurde 1968 von der Firma Joca angefertigt. Es werden 1700 Liter Wasser mitgeführt, die Pumpenleistung beträgt 400 Liter in der Minute. Zusätzlich verfügt das Fahrzeug noch über eine Vorbauseilwinde. (55)

Im belgischen Hafen Antwerpen befinden sich auch viele Betriebe der Erdöl verarbeitenden Industrie, die mit eigenen Werkfeuerwehren für den Brandschutz auf den Liegenschaften sorgen. Die Werkfeuerwehr der FINA verfügt über dieses Feuerwehrfahrzeug auf Basis eines Unimog S der Baureihe 404.1 vom Baujahr 1971. Es dient zur Bekämpfung von Ölunfällen. Das Fahrzeug entstand im Eigenbau, auf der Pritsche befindet sich ein Tank mit 2000 l Ölbindemittel. Dahinter wurde eine Rosenbauer-Tragkraftspritze vom Typ TS 8/8 Fox angebracht. Die weitere Beladung wie Schläuche befindet sich beiderseits des Tankaufbaus. (60)

Das 8. Regiment des Schweizer Festungswachkorps verfügt in Mels über eine eigene Militär-Betriebsfeuerwehr. Zum Fuhrpark gehört auch dieser Schlauchwagen SW 1400 auf einem Unimog S der Baureihe 404.1. Das im Jahr 1962 gebaute Fahrzeug diente in der Schweizer Armee und wurde erst 1994 zum Feuerwehrfahrzeug umgebaut. Der Aufbau für diverse feuerwehrtechnische Armaturen sowie zwei große Schlauchtrommeln für Schläuche mit Nennweite 110 mm entstand im Eigenbau. Typisch für die Schweizer Ausführung des Unimog S ist das keilförmige Verdeck des Fahrerhauses. (57)

Dass dieser Unimog S der Baureihe 404.1 einmal zum Fuhrpark der Schweizer Armee gehörte, ist nicht mehr zu erkennen. Das 1962 gebaute Fahrzeug wurde 1972 von der Firma Grünenfelder in ein Pikett-Fahrzeug für die Feuerwehr in Kesswil umgebaut. Neben den sehr tief gezogenen Geräteräumen des formschönen Aufbaus fällt auch das nunmehr geschlossene Fahrerhaus mit durchgehender Frontscheibe auf. Die Halterung auf der vorderen Stoßstange dient der Aufnahme einer Schlauchhaspel. (57)

St. Peter-Ording an der Nordseeküste ist bekannt für seine Pfahlbauten direkt am Strand, diese beherbergen unter anderem auch Restaurants. Um die Versorgung auch bei höheren Wasserständen und aufgeweichtem Sand sicherzustellen, setzt die Firma Kalle Peters diesen Unimog S der Baureihe 404.1 ein. Das ehemalige Bundeswehrfahrzeug wurde aufgearbeitet und in den Farben einer Brauerei lackiert. (31)

Recht kompakt und übersichtlich präsentiert sich dieses AGBO-Bohrgerät auf einem Unimog S der Baureihe 404.1. Je nach Ausführung des Bohrgerätes sind Bohrtiefen bis zu 200 Metern möglich. Betreiber war die Prakla-Seismos in Hannover, die einst über einen mehrere hundert Fahrzeuge umfassenden Unimog-Fuhrpark verfügte und diesen weltweit einsetzte. (06)

Dieses Anfang der 1970er Jahre aufgenommene Foto zeigt einen Bundeswehr-Unimog S der Baureihe 404.1 als Einsatz- und Führungsfahrzeug des Flugsicherheitsoffiziers. Eingesetzt wurde das Fahrzeug beim Jagdgeschwader 74 „Mölders" in Neuburg/Donau. Es diente bei Unfällen mit Luftfahrzeugen außerhalb des Flugplatzes. Basierend auf einem Standardfahrzeug erhielt der Unimog am Heck einen Kurbelmast zur Verbesserung der Funkverbindung. Weitere Details sind die blaue Vorsatzscheibe am Arbeitsscheinwerfer, Blaulicht, Signalanlage und eine auffällige Lackierung. Es wurde bis Ende der 1980er Jahre genutzt. (42)

Bei der Fliegerhorstfeuerwehr derselben Luftwaffeneinheit war auch dieses Trockenlöschfahrzeug TroLF 750 auf Unimog S (Baureihe 404.1) eingesetzt. Besonderheit ist die vorgebaute Pilotenrettungsbühne, die im Eigenbau entstand und prämiert wurde. Nachdem das Geschwader 1975 vom Lockheed-F-104G „Starfighter" auf die McDonnell Douglas F-4F „Phantom" umgerüstet wurde, ergab sich durch das neue Flugzeugmuster eine größere Höhe zur Pilotenkanzel, die diesen Umbau erforderte. Die Nachfolgegeneration FlKfz 1000 auf U1300L (Baureihe 435) war dann größtenteils serienmäßig mit Pilotenrettungsbühnen ausgerüstet. (42)

Im Mai 2000 konnte im türkischen Kemer dieser Unimog S der Baureihe 404.1 aufgenommen werden. Das Fahrzeug dient als Touristenbus und entstand auf Basis eines ausgemusterten Militärfahrzeuges. Auf der Pritsche wurden 12 Sitze sowie eine Sonnenschutzplane montiert. Aufgrund des Klimas wurde bei der Fahrerkabine auf die Türen und das Verdeck verzichtet, allerdings auch auf die vorderen Blinker und die Scheibenwischer. Weitere Details sind der Zyklon-Luftfilter auf der rechten Seite sowie zwei Zusatzscheinwerfer an Stoßstange und Pritschenstirnwand. (28)

Dieses wunderschöne und handwerklich sehr sauber gearbeitete Wohnmobil konnte im Mai 2002 auf dem Unimog-Vierländertreffen in Buchs in der Schweiz fotografiert werden. Als Basis dient ein Unimog S der Baureihe 404.1. Allerdings wurde der originale Sechszylinder-Benzinmotor mit 82 PS durch einen etwas weniger durstigen Vierzylinder-Dieselmotor vom Typ Iveco 3510 ersetzt. Dieser leistet knapp 100 PS, was dem Fahrzeug zu sehr guten Fahrleistungen verhilft. (31)

Bei der Feuerwehr im schweizerischen Appenzell war dieser Unimog S der Baureihe 404.0 als Pikettfahrzeug bis 1991 im Dienst. Neben einer technischen Beladung werden 500 Liter Wasser mitgeführt. Die Löschmittelabgabe erfolgt über eine Metz-FP-8/8-Vorbaupumpe, die von der vorderen Zapfwelle angetrieben wird. Die Firma Krapf fertigte den formschönen Aufbau schon 1958, aufgrund des guten Zustands konnte er dann 1976 auf ein neues Unimog-Chassis umgesetzt werden. (57)

Dieses Bild zeigt ein schon etwas verschlissenes Unimog-S-Pulverlöschfahrzeug der Baureihe 404.0 im Einsatz beim belgischen Kontingent der SFOR/KFOR-Truppen im früheren Jugoslawien.
Ende der 1960er Jahre wurde eine Reihe dieser Fahrzeuge für die belgische Armee und Luftwaffe beschafft. Den feuerwehrtechnischen Aufbau lieferte die Firma Somati; es werden 750 kg Löschpulver mitgeführt. (38)

Links: Im Eisstadion in Berlin-Wedding dient dieser U52 (Baureihe 421) zur Aufbereitung des Kunsteises. Er ist hierfür mit dem Ries-Eismeister ausgestattet. Dieses Schnellwechselgerät besteht aus dem Aufnahmebehälter für den Abrieb und einem darunter liegenden Heißwassertank mit 1100 Litern Inhalt. Am hinteren Kraftheber ist der Hobelschlitten eingehängt, der über ein 2 Meter breites Messer verfügt. Über den Förderschacht wird der Abrieb in den Aufbau geschleudert. An der Schlittenrückseite befindet sich eine Sprühanlage zum Legen eines Wasserspiegels. (05)

Die Baureihen 421 und 431

Von 1966 bis 1989 wurde die Baureihe 421 gefertigt. In diesem Zeitraum entstanden 18 995 Fahrzeuge. Der Antrieb erfolgte durch Vierzylinder-Dieselmotoren, die aus dem Pkw-Programm abgeleitet wurden. In argentinischer Lizenzfertigung entstanden ab 1969 für den südamerikanischen Markt 753 Fahrzeuge der Baureihe 431, die auf der Baureihe 421 basiert.

Verkaufsbezeichnungs- und Baumusterübersicht:

421:	
U ?	421.120 (Verkaufsbezeichnung unbekannt)
U40, U45	421.122, 421.123
U52, U600	421.124, 421.125, 421.140, 421.141.
U60	421.162, 421.163
U600	421.126
U60, U600L	421.128, 421.129
U40T, U55T	421.130, 421.131
U60T, U600T	421.132, 421.133
U421	421.310
Teilesatz	421.172 (geliefert an Firma Trenkle für Tremo)
431:	
U431	431.210, 431.211

Unten: Bei einem Energieversorgungsunternehmen im französischen Department 31 Haute Garonne ist dieser U52 der Baureihe 421 im Gebrauch. Eingesetzt wird das Fahrzeug bei der Wartung und Reparatur von Überlandleitungen. Hierzu ist frontseitig ein hydraulischer Hubsteiger montiert. Da die Scheinwerfer durch die vordere Abstützung verdeckt würden, sind sie auf dem Grundrahmen des Hubsteigers montiert. (32)

Das Unimog-Vierländertreffen fand im Mai 2002 auf dem Gelände der Firma Eberle in Buchs/Schweiz statt. Dabei konnte dieser U600 der Baureihe 421 fotografiert werden, der zum Fuhrpark der Firma Eberle gehört. Das Fahrzeug des Baujahrs 1982 ist mit einer Schmidt-VF1-Schneefräse ausgerüstet. Die 2200 mm breite Fräse wird von einem Mercedes-Benz-Sechszylinder-Dieselmotor OM 352 angetrieben. Je nach verwendetem Motor-Baumuster sind Räumleistungen bis zu 1450 Tonnen Schnee pro Stunde möglich. Die Wurfweite beträgt hierbei 4 bis 25 Meter. Markant das eigenständige Schmidt-Fahrerhausoberteil mit großen Fensterflächen, die optimale Sicht auf den Arbeitsbereich ermöglichen. (31)

Rettungs- und Hilfsdienste auf der ganzen Welt vertrauen dem Unimog, denn er erreicht auch solche Einsatzstellen, bei denen es für andere Radfahrzeuge längst kein Durchkommen mehr gibt. Leider ließen sich bei diesem Bild Einsatzort und Zweck nicht zuordnen. Der U52 der Baureihe 421 ist mit einer Vorbauseilwinde ausgerüstet und an den Fahrerhaustüren mit Caritas Swamp Ambulance (Sumpf-Ambulanz) beschriftet. Vermutlich wird das Fahrzeug im Auslandseinsatz in entsprechenden Feuchtgebieten als Versorgungsfahrzeug eingesetzt. (02)

Als Zugfahrzeug für eine Anhängeleiter dient dieser U52 der Baureihe 421 bei der Feuerwehr Selzach in der Schweiz. Da die Anhängeleiter breiter als das Zugfahrzeug ist, wurden an der Unimog-Stoßstange schwarz/gelbe Warnmarkierungen angebracht. Das Fahrzeug wurde 1972 gebaut und ist auf der Pritsche mit Schlauchhaspeln beladen. (57)

Als leistungsfähiger, knickgelenkter Rückeschlepper für den Forsteinsatz entstanden Anfang der 1970er Jahre circa 120 Fahrzeuge des Typs Werner UK52/UK60 Uniknick. Viele Baugruppen wie Motor, Getriebe, Achsen und das Fahrerhaus steuerte die Unimog-Baureihe 421 bei. Noch heute stehen einige dieser Fahrzeuge im Dienst, so auch dieses restaurierte Exemplar, das im Mai 2002 in der Schweiz fotografiert wurde. Eine Besonderheit ist die Verwendung des geschlossenen Ganzstahl-Fahrerhauses, da der Uniknick normalerweise mit der offenen Kabine ausgeliefert wurde. (31)

Oben: Schon in einer der ersten Kundenlisten für den Unimog findet sich die Verwaltung des Schlosses Herrenchiemsee in Bayern. Auch fünf Jahrzehnte später findet man den Unimog auf Herrenchiemsee im Einsatz. Derzeit gehört unter anderem ein U600 aus der Baureihe 407 zum Fuhrpark. Das im Oktober 1999 aufgenommene Foto zeigt ihn mit zwei Anhängern beim Sperrmülltransport, am Fähranleger zum Festland wartend. (31)

Die Baureihe 407

Als Nachfolger der Baureihe 421 wurde von 1988 bis 1992 die Baureihe 407 gefertigt. Insgesamt wurden hiervon 789 Fahrzeuge gebaut. Ab der Baureihe 407 wurde das Nummernschema dahingehend geändert, dass die Fahrzeuge mit der Ziffer 50 in der Verkaufsbezeichnung über lange Radstände verfügen und die geraden Nummern Zug- und Arbeitsmaschinen bezeichnen.

Verkaufsbezeichnungs- und Baumusterübersicht:

407:

U600	407.100, 407.200
U650	407.110, 407.210
U650L	407.111, 407.211

Rechts: Dieses recht schmucke Fahrzeug gehört zur Freiwilligen Feuerwehr der Stadt Aalen im Ostalbkreis. Es handelt sich um einen U600 (Baureihe 407) des Baujahrs 1990. Da das Fahrzeug nur zum Winterdienst auf dem Betriebsgelände und für allgemeine Transportaufgaben eingesetzt wird, verfügt es über keine Signalanlage. Statt des für Feuerwehrfahrzeuge üblichen Blaulichts ist daher eine gelbe Rundumkennleuchte montiert. (31)

Bei einem privaten Holzrücke-Unternehmen im belgischen Wôneshe ist dieser U900 der Baureihe 406 im täglichen Einsatz. Die Forstausrüstung besteht aus Frontpolderschild und Rückezange und entstand weitgehend im Eigenbau. Um Beschädigungen aufgrund der manchmal etwas rauen Waldarbeit zu vermeiden, wurden die hinteren Kotflügel und diverse Anbauteile demontiert. (39)

Die Baureihen 406, 403 und 419

Ab 1963 stieß der Unimog in eine neue Leistungsklasse vor: Es erschien die Baureihe 406. Diese wurde von Sechszylinder-Dieselmotoren der Baureihen 300 angetrieben, die auch als Antrieb der Mercedes-Benz-Lkw bekannt sind. Bis 1989 wurden insgesamt 37 069 Exemplare gefertigt, die zum Großteil noch heute im Einsatz sind. 1966 wurde die Baureihe 406 durch die äußerlich nicht zu unterscheidende leichtere Baureihe 403 ergänzt. Diese Baureihe verfügte über die Vierzylinder-Dieselmotoren der Baureihe 314 wie sie auch bei den Leicht-Lkw und Transportern eingebaut wurden. Bis zum Produktionsende im Jahr 1988 entstanden 5063 Einheiten. Die Baureihe 419 wurde speziell als Pionierfahrzeug für die US-Armee gefertigt, auf Basis der Baureihe 406. Unter dem Markennamen Freightliner Military Tractor wurden im Zeitraum von 1986 bis 1991 2416 Exemplare gefertigt.

Verkaufsbezeichnungs- und Baumusterübersicht:

<u>406:</u>	
U65, U70, U80, U84, U900	406.120, 406.121
U65T, U70T	406.130
U65T	406.131
U80T	406.133
U 406.200	406.141
U900	406.142, 406.143, 406.145
U406	406.320
Teilesatz	406.170, 406.171 (für Vögele-Straßenfertiger)
<u>403:</u>	
U54	403.120, 403.121
U66, U72, U800	403.122, 403.123
<u>419:</u>	
U900 SEE	419.101
U900 HME	419.102, 419.104
U900 HMMH	419.103

Die Bekämpfung von Stechmückenlarven als Gesundheitsschutz hat insbesondere in den südlichen Ländern Europas einen hohen Stellenwert. Die potenziellen Entstehungsgebiete sind oft nur schwierig zu erreichen. Ein klarer Fall für den Unimog. Das Foto zeigt einen U65 der Baureihe 406, wie er hierfür in Frankreich eingesetzt wird. Das Insektizid wird in einem Tank auf der Pritsche mitgeführt, die Ausbringung erfolgt manuell. Auf der vorderen Stoßstange ist eine Seilwinde angebaut. Da alle Unimog über eine sehr große Wattiefe verfügen, ist auch das Befahren von Gewässern und Feuchtgebieten kein Problem. (02)

Über einen umfangreichen Unimog-Fuhrpark der Baureihen 406, 417 und 408 verfügt die Gelsenwasser AG. Neben anderen Zwecken sind die Fahrzeuge für den Transport von Filtersand für die Versickerungsbecken eingesetzt. Daher werden die Unimog auch mit Bio-Diesel und Bio-Hydrauliköl betrieben, um Verschmutzungen des Trinkwassers zu vermeiden. Auffällig ist der Mulden-Kippaufbau und die breite Conti-E7-Grip-Sandbereifung, die ein Einsinken in den weichen Untergrund verhindert, allerdings auch breite Kotflügel benötigt. Das Foto zeigt einen U900 der Baureihe 406, der sich nach der Ausmusterung nun in Sammlerhand befindet und mit einem Frontkraftheber und Vorbaustapelmast nachgerüstet wurde. (31)

Unten: Im französischen Departement 31 Haute-Garonne dient dieser U84 der Baureihe 406 bei einer Straßenmeisterei als Arbeitsmaschine und Zugfahrzeug. Ungewöhnlich ist hierbei die Ausstattung mit Blaulicht und Sondersignalanlage. Grund hierfür ist das schnelle Erreichen von Einsatzstellen wie zum Beispiel nach Erdrutschen oder Unwettern. (41)

In der französischen Stadt Colmar im Elsass ist dieser U70 aus der Baureihe 406 im Einsatz. Das Fahrzeug ist mit einer hydraulischen Abschleppbrille ausgerüstet. Auf der Pritsche werden Rollwagen, Werkzeug und Sicherungsmaterial mitgeführt. Frontseitig befinden sich Anbaubeschläge sowie eine Seilwinde. Die ersten Baumuster der offenen Fahrerhäuser des U406 sind leicht an der gebogenen Windschutzscheibe sowie den Türgriffen zu erkennen. Spätere Ausführungen verfügen über plane Windschutzscheiben. (22)

Im Juli des Jahres 2001 entstand in Oberstdorf im Allgäu dieses Foto. Es zeigt einen U84 der Baureihe 406, der als Abschleppwagen beim Mercedes-Benz Autohaus Dirr im Einsatz steht. Hinter dem Fahrerhaus ist ein Seilwindenaggregat aufgebaut. Die eigentliche Abschleppeinrichtung besteht aus einer umgebauten Schwinge eines Frontladers. Links und rechts davon fanden noch zwei Gerätekästen Platz, frontseitig verfügt das Fahrzeug über eine Anbauplatte. (26)

Die Firma Wackenhut in Nagold hat schon lange Verbindungen zum Unimog, entstand doch hier unter anderem ein Großteil der Unimog-Doppelkabinen für verschiedene Baureihen. Außer dem Fahrzeugbau gehört auch ein Reparaturbetrieb zur Firma. Als „Hofhund" kommt hier ein U900 der Baureihe 406 zum Einsatz. Neben anderen Aufgaben wird er zum Rangieren und als Abschleppfahrzeug eingesetzt. Daher auch die Ausstattung mit einer zusätzlichen Rangierkupplung an der Anbauplatte. Eine Abschleppstange wird an der linken Pritschenseite mitgeführt. (31)

Bei der Stuttgarter Niederlassung der Spedition Emons dient dieser U900 der Baureihe 406 als Rangierfahrzeug für Anhänger und Wechselbrückenlafetten. Hierzu ist das Fahrzeug an den Stirnseiten mit verstärkten Stoßstangen, Anschlüssen für die Druckluftbremse und Anhängerkupplungen versehen. Den Ölkühler der Wandlerschaltkupplung schützt ein Flachstahlgitter. Interessant auch die Verlegung des Auspuffs auf die rechte Fahrzeugseite, wobei er nach oben durch den Pritschenboden geführt wird. Zur Erhöhung der Zugkraft ist die Pritsche mit Betongewichten ballastiert. (31)

Besonders im Alpenraum wird der Unimog von Brauereien zur Versorgung bewirtschafteter Almen und Hütten eingesetzt, die für andere Fahrzeuge nicht erreichbar sind. Daneben dient er auf dem Brauereigelände noch oft „als Mädchen für alles“, egal ob es sich um das Reinigen des Hofes oder den Winterdienst handelt. Der abgebildete U900 (Baureihe 406) des Hofbräuhauses Berchtesgaden wurde im Juni 1995 an der Auffahrt zum Obersalzberg fotografiert. Frontseitig ist ein Schmidt-HS-4-Stapelmast montiert. Dieser erlaubt eine Nutzlast von 1500 kg bei bis zu drei Metern Hubhöhe. Zwischenzeitlich wurde der U900 durch einen U1400 der Baureihe 427 ersetzt. (31)

Einen U65, Baureihe 406, zeigt das Werkfoto der Brentenwerke. Für den Österreichischen Rundfunk entstand Mitte der 1960er Jahre dieses Sonderfahrzeug. Auffällig der formschöne Aufbau mit verbundenen Kotflügeln und Geräteräumen. Unter der Plane befindet sich ein kippbarer Kurbelmast. Weitere Details: vordere Anbaubeschläge mit Zapfwelle und Such- und Nebelscheinwerfer. (03)

Fast kein Flugplatz auf der Welt kann es sich leisten, auf die Vorzüge des Unimog zu verzichten, ob als Rangier- und Transportfahrzeug, Vorfeldbus, Arbeitsmaschine mit wechselnden Anbaugeräten oder bei der Flughafenfeuerwehr – die Einsatzmöglichkeiten sind unzählig. Das Foto zeigt einen U70 der Baureihe 406 beim Rangieren eines schweren Tankanhängers. Im Hintergrund ein Flugzeug der holländischen Fluggesellschaft KLM. (02)

In der Nähe von Dubai in den Vereinigten Arabischen Emiraten (VAR) entstand dieses Bild. Wie die Beschriftung unschwer erkennen lässt, war der U84 der Baureihe 406 mit Kofferaufbau früher einmal in Japan beheimatet. Leider war der neue Einsatzzweck nicht in Erfahrung zu bringen, allerdings zeigt das Foto des Fahrzeuges einige interessante Details. So die abgedeckte Sirene auf der Stoßstange, die rote Rundumkennleuchte sowie einen kleinen Auspuff an der Aufbaustirnseite, der auf ein eingebautes Aggregat schließen lässt. (24)

Dieses Bild zeigt einen U84 aus der Baureihe 406 bei Verdichtungsarbeiten auf einer Baustellenzufahrt. Das Fahrzeug schiebt eine Trenkle-Vibrationswalze vom Typ AVW 68, die circa fünf Tonnen wiegt und von der Unimog-Frontzapfwelle angetrieben wird. Gute Sicht auf das Arbeitsgerät, die Wendigkeit sowie das fein abstufbare Getriebe mit Arbeits- und Kriechganggruppen erlauben dem Unimog die perfekte Anpassung an das jeweilige Arbeitsumfeld. (02)

Bereits im Buch „Unimog im Einsatz“ war auf Seite 58 dieser U900 der Baureihe 406 zu sehen. Mittlerweile wurde das Fahrzeug komplett neu lackiert. Das mit einer AFT-100-Grabenfräse ausgestattete Fahrzeug wird beim Ausheben von Drainagegräben beim Sportplatzbau eingesetzt. Besonders auffällig ist die Bereifung Conti E7 Grip mit dem Format 22-20. Diese Bereifung findet überwiegend beim Einsatz auf Sand und wenig tragfähigen Böden Verwendung. Gut zu erkennen auch das als Gegengewicht angebrachte 200-l-Fass an der Frontseite. (31)

بيع المواد الغذائية
ABDUL SAMIA GROCERY
ZAYD BAKERY
GEO SPACE

Linke Seite oben und unten: Weltweit werden Bohrgeräte auf Unimog-Basis eingesetzt, so auch in den Vereinigten Arabischen Emiraten (VAR). Das Foto entstand im Industriegebiet der Stadt Al Ain und zeigt einen U900 der Baureihe 406. Gut zu erkennen sind die Details des Bohraufbaus. Dieser stammt von der Firma Geo-Space in Houston/Texas in den USA. (24)

Oben: Dieses Foto entstand im französischen Departement 44 Loire-Atlantique beim Bau von Überlandleitungen. Es zeigt einen U900 der Baureihe 406. Das Fahrzeug ist mit einem frontseitig angebauten Maststellgerät ausgestattet und gehört zum Fuhrpark eines französischen Energieversorgungsunternehmens. Um die Frontlastigkeit etwas auszugleichen, befinden sich auf der Pritsche Werkzeugkästen und ein Ballastgewicht. (51)

Unten: Einen U900 aus der Baureihe 406 präsentiert dieses Bild. Es zeigt ein CCF 1500 mit Aufbau der Firma Desautel. Der Löschwassertank fasst 1500 l. Eine kombinierte Nieder-Hochdruckpumpe erlaubt die Abgabe von 1000 l/min mit 15 bar Druck oder 250 l/min bei 40 bar. Die Waldbrandlöschfahrzeuge der französischen Forstbehörden sind gelb lackiert, im Gegensatz zu den roten Fahrzeugen der Kommunen. Auffällig die groß dimensionierte Sütrak-Klimaanlage auf dem Fahrerhausdach, eine an Waldbrandlöschfahrzeugen selten verbaute Ausstattung. Gut zu erkennen die vordere Geräteplatte mit den Anbaubeschlägen. Neben anderen Anbaugeräten kommen hierbei Erdschieber zum Einsatz, um in den Brandgebieten Wälle und Schneisen anzulegen. (32)

Ein Musterbeispiel für die Vielseitigkeit des Unimog zeigen diese beiden Bilder. Auf dem Flugplatz in St. Michaelisdonn nahe Brunsbüttel wird dieser U84 (Baureihe 406) für alle anfallenden Arbeiten eingesetzt. Je nach Jahreszeit ist zur P atzpflege frontseitig ein Schmidt-Schneepflug oder ein Kreiselmähwerk angebracht. Da der Unimog auch als Flugplatzfeuerwehr dient, ist auf der Pritsche der Tank einer Spritzanlage aufgebaut. Die dazugehörige Pumpe sitzt auf der Ackerschiene des Dreipunktgestänges und wird von der hinteren Zapfwelle angetrieben. Das Zubehör wie Schaummittel, Schaumrohr, Schläuche findet auf der Pritsche Platz. (31)

Die Freiwillige Feuerwehr Hachenburg, Abteilung Borod, besitzt dieses interessante Tanklöschfahrzeug auf einem U900 der Baureihe 406. Das 1985 gebaute Fahrzeug ist mit einer Mulag-Panorama-Kabine ausgestattet. Diese bietet deutlich mehr an Innenraum und Fensterfläche als das serienmäßige Fahrerhaus. In Eigenleistung und in Zusammenarbeit mit der Firma Kempf entstand der Aufbau des TLF 8/10. Die von der vorderen Zapfwelle angetriebene Feuerlöschpumpe ist mittels eines Grundträgers an der vorderen Geräteanbauplatte angebracht. (56)

Über ein sehr interessantes Rüstfahrzeug verfügt die Freiwillige Feuerwehr im niederösterreichischen Brunn an der Wild. Das Basisfahrzeug ist ein Unimog der Baureihe 406 mit einem Faltverdeck. Vom Vorgängerfahrzeug, einem U32 der Baureihe 411, wurde der selbstgefertigte Aufbau übernommen.
Am hinteren Dreipunktgestänge ist ein Igland-Windenaggregat mit Bergstütze eingehängt, der Antrieb erfolgt über die hintere Zapfwelle. Zusätzlich wurde ein Ausleger montiert, der das Abschleppen von Pkw ermöglicht. (58)

Gleich über zwei interessante Zweiwege-Fahrzeuge auf Unimog verfügt die Werkfeuerwehr des CV Eurogas Terminals in Rotterdam. Als Basis dienen U900 der Baureihe 406.
Das obere Fahrzeug ist Baujahr 1982 und hat einen Aufbau der Firma Rockwood. Es werden 190 Liter Schaummittel und 250 kg Löschpulver mitgeführt. Im Einsatzfall wird noch ein Tankanhänger mit Schaum/Wasserwerfer angekoppelt. Ansonsten dient das Fahrzeug zum Verschieben von Tankwaggons auf den umfangreichen Gleisanlagen. Gut zu erkennen die speziellen Funkenfänger an Ansaug- und Auspuffanlage. Das zweite Fahrzeug unten ist Baujahr 1979 und dient neben Rangierzwecken als Schlauch- und Gerätewagen. Ferner ist ein Werfer angebracht. Der Aufbau bei diesem Fahrzeug entstand im Eigenbau. Analog zum Fahrzeug oben wird bei Einsätzen ein baugleicher Anhänger mitgeführt. Zusätzlich verfügt das Fahrzeug noch über einen Frontlader mit Kranflasche. Auch an diesem Fahrzeug ist die Ansaug- und Auspuffanlage entsprechend umgebaut, um die Explosionsgefahr durch Funkenflug zu vermeiden. (53)

Schon recht bald wurden die ersten Unimog-Zweiwegefahrzeuge neben dem Rangiereinsatz auch zu Arbeiten mit Anbaugeräten eingesetzt, wie sie gleichfalls bei den reinen Straßenfahrzeugen benutzt wurden. Dies ermöglichte ein großes Einsatzspektrum im Bereich der schienengebundenen Aufgaben, für die bisher teure Spezialfahrzeuge beschafft werden mussten. Der abgebildete U70 der Baureihe 406 mit Zweiwegeausrüstung der Firma Beilhack gehört zu den ersten Baumustern der Baureihe 406, wie an den seitlichen Lüftungsschlitzen am Fahrerhaus erkennbar ist. Auch erfolgt die Schienenführung noch durch Gleitkufen, die später durch die bis heute üblichen Rollenspurhalter ersetzt wurden. Aufgebaut ist ein Aufsetzbagger vom Typ 205 der Firma Klaus in Memmingen. Der Klaus 205 verfügte über ein Hubmoment von 4,25 mt und eine maximale Zahnkraft von 10 Tonnen. Eine Vielzahl von Greifern und Löffeln ermöglichte einen universellen Einsatz, wobei die hydraulische Vierfachabstützung sicheren Stand bot. (11)

Unten: Ebenfalls noch mit Gleitkufen ist dieser Zweiwege-Unimog U65 der Baureihe 406 ausgestattet. Angebaut ist eine Beilhack-Schneeschleuder mit Aufbaumotor, wie sie zur Beseitigung von Schneeverwehungen auf dem Gleisbett unter anderem von der Deutschen Bundesbahn erprobt wurde. Die Räumleistung betrug je nach Schleuderbaumuster und Motorenleistung zwischen 2000 und 3000 Tonnen Schnee in der Stunde. Als Antriebsquelle diente ein Mercedes-Benz-Sechszylinder-Dieselmotor aus dem Lkw-Programm. (11)

Die Stadtwerke Wien verfügten ebenfalls über ein Zweiwegefahrzeug mit Beilhack-Schienenführungssystem. Eingesetzt wurde der U70 (Baureihe 406) bei Wartungs- und Reparaturarbeiten. Für Arbeiten an der Fahrleitung besaß das Fahrzeug eine hydraulisch ausfahrbare Arbeitsplattform. Auf der Stoßstange fand ein durch die vordere Zapfwelle angetriebener 5-kVA-Stromerzeuger der Firma Eisemann Platz. Den Aufbau fertigten die Brentenwerke in Österreich. In dieser Ansicht ist ein weiteres Detail der frühen 406-Baumuster zu erkennen: der geschwungene Aufstieg am vorderen Kotflügel. (03)

Dieser U900 der Baureihe 406 wurde während der Bauarbeiten in der Pariser Metro fotografiert. Ab dem Bahnhof Saint-Lazare wird die Strecke der automatischen U-Bahn „Meteor" verlängert. Der Unimog der Firma Alstom zieht mehrere Waggons mit Ladekränen, die zum Transport und Einhub der Gleise dienen. Neben einer Waggonbremsanlage verfügt das von der Firma Zweiweg aufgebaute Fahrzeug über eine spezielle Auspuffanlage mit Wasserbad, um die Emissionen beim unterirdischen Einsatz so gering wie möglich zu halten. (23)

Für den Einsatz auf Schmalspurbahnen mit Spurweiten von 1000 bis 1067 mm ist die Loctrac 55S der Firma Zweiweg konzipiert wurden. Für dieses 110 PS starke Sonderfahrzeug wurden viele Baugruppen vom Unimog übernommen, so auch das Fahrerhaus der Baureihe 406. Das Fahrzeug erlaubt im Schieneneinsatz Anhängelasten bis zu 500 Tonnen bei Verwendung einer Waggonbremsanlage. Wie bei allen Unimog Zweiwegefahrzeugen steht nach dem Abgleisen eine vollwertige Arbeitsmaschine für den Straßeneinsatz zur Verfügung, die aufgrund der Allradlenkung und der geringen Abmessungen äußerst wendig ist. (04)

Einen ganz besonderen „Hingucker" hat der Gaggenauer Unimog-Händler Merex zum Jubiläum im Juni 2001 auf die Räder gestellt. Ausgangsbasis war ein Flugzeugschlepper U900 (Baureihe 406), der früher bei der Bundeswehr eingesetzt war. Er wurde komplett aufgearbeitet und dabei die vorhandene Doppelkabine noch um ein Segment erweitert. Hinzu kommt ein Lackierschema, wie es vom Mercedes-Benz/Mc-Laren-Formel-1-Team benutzt wird. (31)

Was suchen Fotos von Mercedes-Benz-G-Modellen in einem Unimog-Buch? Nun, dem ist nicht so, vielmehr handelt es sich um G-Mog, die in der Werkstatt von Paul und Peter Stolz in Wessobrunn entstanden sind. Die Basis für das erste Fahrzeug war ein ausgemusterter U66 der Baureihe 403, von dem allerdings nur noch Rahmen und Achsen weiter verwendet wurden. Als Motor kam ein Sechszylinder-Diesel OM 352 A mit circa 160 PS Leistung zum Einbau. Dieser wurde mit einem abgeänderten Unimog-Getriebe kombiniert, das nun 48 Fahrstufen (32 Vorwärts-/16 Rückwärtsgänge) bietet. Als Karosserie kam der Aufbau eines 230 GE zum Einsatz. Das knapp 100 km/h schnelle Fahrzeug verfügt über eine Werner-F65-Vorbauseilwinde mit sechs Tonnen Zugkraft und eine komplette landwirtschaftliche Ausstattung mit Kraftheber, Zapfwellen und Hydraulik. Wer nun meint, das Fahrzeug diene nur zum Hobby, liegt falsch. Täglich wird der G-Mog eingesetzt: bei der Feldarbeit oder als Zugmaschine für den Holz- oder Baumaschinentransport. Eine Anhängelast bis zu 22 Tonnen ist hierbei möglich. In diesem gelungenen Umbau, der auch handwerklich sehr sauber ausgeführt wurde und durch viele innovative Detaillösungen besticht, stecken über 1200 Arbeitsstunden, verteilt auf zwei Jahre. (31)

Nach fast dem gleichen Rezept entstand auch der zweite G-Mog der Gebrüder Stolz, der überwiegend als Spaßfahrzeug und bei Geländefahrten zum Einsatz kommt. Aber auch an eine Rallye-Teilnahme wurde schon gedacht. Die Ausgangsbasis war ein U80 der Baureihe 406 vom Baujahr 1971. In nur 500 Arbeitsstunden, verteilt auf fünf Monate, entstand das Fahrzeug. Es verfügt heckseitig über eine eingebaute Winde mit Seilzug nach vorne und hinten. Auf Leistungs- und Geschwindigkeitsangaben wurde verzichtet. Ähnlich wie bei Rolls-Royce wird mitgeteilt: „Mehr als ausreichend". Davon konnte sich der Autor bei einer Vorführung persönlich überzeugen. (31)

Eine interessante Vorgeschichte hat dieser Unimog der Baureihe 416, der sich nun in Sammlerhand befindet. Das auf das Kennzeichen BP 82-1007 zugelassene Fahrzeug (rechts) war bei der Fernmeldetechnischen Versuchsanstalt in Frankfurt/M. eingesetzt. Im Rahmen des Katastrophenschutzes war seine Hauptaufgabe das Rangieren von Notstromaggregat-Anhängern in einem Schutzbauwerk, daher auch die Ausstattung mit Blaulichtern und Tonfolgeanlage. Gut zu erkennen die Rangierkupplung sowie die Anschlüsse der Druckluftbremse an der vorderen Anbauplatte, die auch zur Aufnahme eines Schneepflugs diente. Nach der Ausmusterung wurde das Fahrzeug (unten) durch seinen neuen Besitzer aufgearbeitet, neben einem Zyklon-Luftfilter und einem zweiten Kraftstofftank wurde eine Mercedes-Benz-Seilwinde Typ C mit 3500 kg Zuglast montiert. (37/31)

Die Baureihen 416, 413 und 426

Als Programmergänzung erschien 1965 die Baureihe 416, die sich primär nur durch einen verlängerten Radstand von 2900 bzw. 3400 mm von den Baureihen 403/406 mit 2380 mm Radstand unterschied. Sie wurde überwiegend als Gelände-Lkw eingesetzt. Bis zum Produktionsende entstanden 45 544 Exemplare. Von 1969 bis 1988 wurde die leichtere Baureihe 413 in 633 Einheiten gefertigt. Analog zu den Baureihen 403/406 wurde diese Version mit einem Vierzylinder-Dieselmotor ausgestattet, während die Fahrzeuge der Baureihe 416 über einen Sechszylinder verfügten. Ansonsten waren diese beiden Baureihen äußerlich nicht zu unterscheiden.
Für den südamerikanischen Markt entstanden in argentinischer Lizenzfertigung im Zeitraum von 1968 bis 1976 2643 Fahrzeuge der Baureihe 426, die auf cer Baureihe 416 basiert.

Verkaufsbezeichnungs- und Baumusterübersicht:

416:	
U80, U90	416.122, 416.123, 416.124, 416.125, 416.126, 416.127
U90	416.310
U80T, U90T	416.130, 416.133
U100,U110, U1100	416.140, 416.141
U100, U1100L	416.114, 416.115, 416.116, 416.117
U100T, U110T,	
U1100T	416.134, 416.135
U125, U1100L	416.162, 416.163
UR416	416.160 (Fahrgestell)
Teilesatz	416.170 (für UT90 Fa. Tractortechnik)
413:	
U72,U80, U800L	413.110, 413.111
426:	
U426	426.124, 426.125

In Österreich ist dieses mobile Sägewerk auf Tandemanhänger für die Holzverarbeitung vor Ort im Einsatz. Als Zugfahrzeug dient ein U1100 aus der Baureihe 416, der mit einem hydraulischen Ladekran am Heck ausgerüstet ist. Gut zu erkennen ist die vordere Anbauplatte, und auch das Nummernschild weist auf den Arbeitszweck hin. (64)

Bei einem Hebebühnen- und Kranverleih in der Bretagne ist dieser Unimog der Baureihe 416 im Einsatz. Aufgebaut ist ein Palfinger-Ladekran. Etwas außergewöhnlich ist die Sechsfach-Abstützung mit zwei zusätzlichen Abstützzylindern an der Fahrzeugfrontseite. Damit dürfte eine absolute Standsicherheit auch bei Arbeiten mit großer Ausladung auf weichem Untergrund wie Sand gegeben sein. (58)

Dieses Foto entstand in den Vereinigten Arabischen Emiraten (VAR) an der Grenze zum Oman. Es zeigt einen U1100L der Baureihe 416 des internationalen Bauunternehmens WJ & P bei Straßenbauarbeiten. Der Unimog dient hierbei als Werkstattfahrzeug und ist daher auf der Pritsche mit allerlei Gerätschaften beladen. Auffällig die nach vorne verlängerte Stoßstange mit Anbaubeschlägen, die zur Aufnahme von Anbaugeräten dient. (24)

Unten: Aufgrund der geringen Abmessungen und ihrer Wendigkeit finden viele Unimog auch Verwendung in zahlreichen unterirdischen Förderstätten. So u. a. im Kali- und Kohlebergbau. Dieses Foto zeigt einen U100 der Baureihe 416 im Untertageeinsatz bei der Instandhaltung des Wegenetzes. Frontseitig ist ein Plattenverdichter montiert, gut zu erkennen ist auch der Antrieb über die vordere Zapfwelle. Auf der Pritsche findet ein Wassertank Platz. Um die notwendige, geringe Aufbauhöhe zu erreichen, wurden an dem einstmals geschlossenen Fahrerhaus alle Teile oberhalb der Türkante entfernt. Das höchste Bauteil des Fahrzeuges ist nun neben dem Fülldom des Wassertanks der spezielle Ansaugkamin des Luftfilters. (02)

Die Fotos dieser Seite zeigen einen 6x6-Unimog, der auf Basis eines Triebkopfes der Baureihe 416 entstand. Die Firma Lesa in Stolberg lieferte diese Fahrzeuge unter der Bezeichnung LUF III A. Gedacht waren diese Fahrzeuge für den Einsatz unter extremsten Geländebedingungen im Bereich der Bau- und Energiewirtschaft. Der lange Rahmen und die mögliche Nutzlast von 6600 kg bei 11 000 kg Gesamtgewicht ließen Spielraum für die verschiedensten Aufbauten. Ein Kugeldrehkranz ermöglichte das Verschränken der beiden Rahmenteile gegeneinander, was eine gute Anpassung an das Gelände ermöglichte. Dieses Werksbild zeigt ein Fahrzeug während einer Vorführung. Oberhalb des Kraftstofftanks ist die Schnittstelle der beiden Rahmenteile gut erkennbar. (02)

Bei der Unimog-Vertretung für Belgien, der Firma Lambert, konnte im Juni letzten Jahres dieses interessante Einzelstück fotografiert werden. Die Basis hierfür war ein U1100T. Das 1980 gebaute Fahrzeug ist mit einem Hoes-Ladekran und einer Werner-Frontseilwinde ausgerüstet. Eingesetzt wurde es bei der belgischen Baufirma Fabricom, die insbesondere Rohr- und Elektroleitungen verlegt. Da hierbei öfter lange Einzelteile befördert werden mussten, wurde das Fahrerhaus in eine Einmannkabine umgebaut, so dass rechts am Fahrzeug Bauteile auf voller Fahrzeuglänge mitgeführt werden konnten. (31)

Oben: Ebenfalls auf einem Lesa-Fahrgestell des Typs LUF III erstellte die Firma AGBO in Wathlingen diesen Bohrgeräteaufbau. Zusätzlich verfügte das Fahrzeug über eine Frontseilwinde. Wie schon bei dem Unimog S auf Seite 36 war der Kunde die Prakla-Seismos in Hannover. (06)

Unten: In den 1970er Jahren beschaffte das Departement 67 Bas-Rhin im Elsass eine Serie von Waldbrandlöschfahrzeugen der Klasse CCF mit Camiva-Aufbau und 1500 Liter Löschwasserinhalt. Als Fahrgestelle dienten U1100L der Baureihe 416. Da die Aufbauten nach fast 20-jähriger Nutzung verschlissen waren und nicht mehr dem Stand der Technik entsprachen, entschloss man sich, einige der vorhandenen Fahrzeuge mit neuen Aufbauten zu versehen, da die Unimog-Fahrgestelle auch eine weitere Nutzung zuließen. Das Foto zeigt ein Fahrzeug der Feuerwehr Soufflenheim, den Aufbau fertigte die Firma Rocher. Daneben kamen auch Aufbauten der Firma Schultz zur Auslieferung (siehe „Das Buch vom Unimog", Seite 55 unten). Wie viele französische Waldbrandfahrzeuge verfügt der abgebildete Unimog über eine Werner-Frontseilwinde. Zwischen den Achsen befindet sich eine Rohrkonstruktion, die als Aufstiegshilfe und Unterfahrschutz dient. Dies ist allerdings ungewöhnlich, da der Unimog der Nachrüstungspflicht für den Unterfahrschutz nicht unterliegt und die Geländefähigkeit des Fahrzeuges dadurch eingeschränkt wird. (51)

Der Fire Service der südafrikanischen Armee setzt zur Bekämpfung von Busch- und Waldbränden mehrere U1100L der Baureihe 416 ein. Der Aufbau vom Typ TLF 1700 „Lion Hunter" stammt von Rosenbauer/Südafrika. An Löschmitteln werden 1500 Liter Wasser und 200 Liter Schaummittel mitgeführt. Eine kombinierte Normal/Hochdruckpumpe vom Typ R165 erlaubt die Abgabe von 1200 l/min bei 8 bar und 250 l/min bei 40 bar. Beidseitig befindet sich je eine Schnellangriffsvorrichtung sowie heckseitig neben der Pumpe je ein Sitzplatz für die Besatzung, so dass eine Brandbekämpfung auch aus dem fahrenden Fahrzeug heraus möglich ist. (12)

Daneben werden über 400 Unimog als Bushfirefighter bei den zivilen Feuerwehren in Südafrika bei der Bekämpfung von Wald-, Gras- und Buschbränden eingesetzt. Bisher kommen hierfür fast ausschließlich Unimog der Baureihe 416 zum Einsatz. Das Foto zeigt eines dieser Fahrzeuge, aufgenommen bei einer Forstverwaltung in der Nähe von Kapstadt. Eher selten ist die Verwendung des langen Radstandes von 3400 mm wie bei dem abgebildeten Fahrzeug, der Großteil der Fahrzeuge verfügt über den Standard-Radstand von 2900 mm. Den Aufbau fertigte die Firma FMC. (54)

Am anderen Ende der Welt ist dieser U1100L der Baureihe 416 im Dienst, in Norwegen. Das ebenfalls mit einem Rosenbauer-Aufbau versehene Fahrzeug wird von einer Zivilschutzeinheit in Sandnes eingesetzt. Ähnliche Fahrzeuge mit Wassertank werden in großer Zahl zur Waldbrandbekämpfung von kommunalen Feuerwehren in Norwegen verwendet. Das Fahrzeug verfügt über eine unter der Pritsche montierte R120-Pumpe mit einer Leistung von 1600 U/min bei 8 bar. Auf der Pritsche befindet sich die feuerwehrtechnische Beladung sowie eine Tragkraftspritze. Eine weitere Tragkraftspritze wird auf einem kleinen Einachs-Anhänger mitgeführt. (50)

Unten: Ebenfalls in Norwegen ist dieser U110, Baureihe 416, zu Hause. Er gehört zum Fuhrpark der Berufsfeuerwehr Oslo. Früher war das 1974 beschaffte Fahrzeug mit einem Hiab-950/3-Ladekran ausgestattet und diente als leichter Kranwagen. 1995 erfolgte der Umbau zum Lkw. Frontseitig ist eine Werner-Seilwinde F56 mit 6 Tonnen Zugkraft angebracht. Neben dem Warnlichtbalken fällt vor allem der Überrollbügel auf, der sich auf der Pritsche abstützt und in den das Auspuffendrohr integriert ist. Die Fahrzeugkennung 99 bedeutet: 9 = stationiert auf der Hauptfeuerwache, die zweite 9 steht für sonstiges Fahrzeug, in diesem Fall für Lkw. (62)

Im August 1998 wurde dieses Foto nahe dem Volkskundemuseum in Glaumbaer auf Island aufgenommen. Ein isländisches Unternehmen setzt zwei dieser Fahrzeuge für Reisen rund um die Insel ein. Auf Basis eines U110 der Baureihe 416 entstand ein formschöner Omnibus mit 10 Sitzplätzen. Zur Mitführung des Touristengepäcks steht ein Dachgepäckträger sowie ein Einachs-Anhänger zur Verfügung. Da sich Islands Naturschönheiten oft nur über unbefestigte Wege erreichen lassen, ist der Unimog hierfür natürlich das ideale Transportmittel. (27)

Bei Weltenbummlern erfreut sich insbesondere die Baureihe 416 großer Beliebtheit, wenn es um den fahrbaren Untersatz geht. Robustheit, Zuverlässigkeit und die leichten Wartungs- und Reparaturmöglichkeiten sowie das weltweite DaimlerChrysler-Servicenetz ermöglichen ein entspanntes Reisen. Das abgebildete Fahrzeug verfügt über den langen (3400 mm) Radstand, welcher sowohl für die Wohnfläche als auch an Stauraum ein deutliches Plus gegenüber der Normalversion mit 2900 mm Radstand bietet. (35)

Zum umfangreichen Fuhrpark der Neckarwerke Stuttgart gehören auch mehrere Unimog, darunter Zweiwegefahrzeuge. Das Foto zeigt ein Fahrzeug aus der Baureihe 416, das im Gaswerk in Bad Cannstatt eingesetzt wird. Neben dem Rangieren von Waggons obliegt dem Unimog auch der Winterdienst auf dem weiträumigen Betriebsgelände. Zum Zeitpunkt der Aufnahme im März 2002 war ein Silostreugerät und ein Schneepflug der Firma Schmidt montiert. Mehrere Details wie der seitliche Unterfahrschutz, die Luftkessel der Waggonbremsanlage auf dem Dach sowie die Sandstreubehälter vor der Hinterachse verleihen dem Fahrzeug ein markantes Äußeres. (31)

Das Unternehmen De Lijn betreibt in Belgien ein recht großes Omnibus- und Straßenbahnstreckennetz im öffentlichen Nahverkehr. An verschiedenen Betriebshöfen sind Unimog als Berge- und Abschleppfahrzeuge stationiert. Der Betriebshof in Oostende verfügt darüber hinaus auch noch über den abgebildeten U1100T der Baureihe 416.
Das mit einem Kehrmaschinenaufbau versehene Fahrzeug dient zum Reinigen – insbesondere nach Stürmen und Unwettern – der sich auf Straßenniveau befindenden Gleisanlagen. Daneben wird es für die allgemeinen Reinigungsarbeiten auf dem Betriebshof eingesetzt. (39)

Mit der Einführung von Wechselbrücken im Transportgewerbe war es notwendig, auch entsprechende Umsetzfahrzeuge zu entwickeln. Eines der ersten wurde auf dem Unimog angeboten. Hierzu wurde ein Triebkopf der Baureihe 416T mit einem Anbau versehen. Dieser verfügt über einen hydraulisch liftbaren Rahmen, mit dem die Wechselbehälter angehoben und umgesetzt werden können, ohne dass zuvor die Stützen eingeklappt werden müssen. (02)

Unten: Wenn es um die Verlegung von Kabeln geht, vertrauen Postverwaltungen und Privatunternehmen weltweit auf den Unimog. Neben Kabelziehwinden sind es vor allem Kabeltrommeltransporter, die hierbei zum Einsatz kommen. Das Foto zeigt einen Kabeltrommeltransporter der Österreichischen Post- und Telegraphenverwaltung. Das Basisfahrzeug ist ein Triebkopf aus der Baureihe 416T. Der Aufbau vom Typ 1077 Umot6 stammt von der Firma Lancier in Wolbeck. Dieser verfügt über eine Nutzlast von 6000 kg. Der maximal zu transportierende Trommeldurchmesser beträgt 3200 mm. Alternativ kann der Aufbau auch mit einem Ladeboden für allgemeine Transportzwecke ausgestattet werden, der eine Nutzlast von 3500 kg erlaubt. (49)

Ein ganz besonders Bohrgerät hatte die Firma August Göttker Erben Bohrgesellschaft mbh, kurz AGBO, in Wathlingen bei Hannover im Dienst. Es basierte auf einem Tractortechnic-Unitrac-UT90-Fahrgestell mit 90 PS Leistung. Bei diesen Fahrzeugen fanden viele Unimog-Baugruppen wie Fahrerhaus, Motor und Getriebe Verwendung. Das Raupenfahrgestell war eine Tractortechnic-Entwicklung. Darauf wurde bei der Firma AGBO ein Bohrgerät vom Typ GR 125 gesetzt. Damit waren Bohrtiefen bis zu 150 Metern realisierbar. Hiermit konnten Bohrungen nun auch auf Gelände durchgeführt werden, das für Radfahrzeuge nicht passierbar war. Besonders markant war an diesem Fahrzeug das abgeänderte Fahrerhaus, da auf der rechten Fahrzeugseite der außermittig gelagerte Mast in Transportstellung abgelegt wurde. (06)

Die französische Stromversorgungsgesellschaft Electricité de France, kurz EDF, verfügt über einen umfangreichen Unimog-Fuhrpark. Überwiegend handelt es sich hierbei um Bautruppwagen und rollende Werkstätten, die beim Bau und bei der Unterhaltung des landesweiten Leitungsnetzes zum Einsatz kommen. Da insbesondere Überlandleitungen oft abseits der befestigten Wege verlaufen, ist der Unimog hierfür die erste Wahl. Das Foto zeigt einen U1150 der Baureihe 417. Markante Details sind die leistungsstarke Frontseilwinde, das Reserverad über dem Fahrerhaus sowie die Auslegerkonstruktion am Aufbau, die das Transportieren sperriger Bauteile wie Mastsegmente ermöglicht. (02)

Die Baureihe 417

Die Produktion der Baureihe 417 wurde 1988 aufgenommen. Sie diente als Ersatz für die Baureihen 403, 406, 413 und 416. 2275 Exemplare wurden bis Fertigungsende 1993 hergestellt.

Verkaufsbezeichnungs- und Baumusterübersicht:

417:

U800	417.100, 417.200
U900	417.101, 417.106, 417.201
U1100T	417.000
U1150	417.110, 417.115, 417.210
U1150L	417.111, 417.116, 417.120, 417.211, 417.212, 417.220

Unten: Auch bei der belgischen Baufirma gti-infra sind mehrere Unimog beim Bau von Fernleitungen im Einsatz. Dieses Foto zeigt einen U1150L der Baureihe 417, der ebenfalls als Montagefahrzeug für Bautrupps benutzt wird. Beherrscht wird die Optik des Unimog durch das Lagergestell für Rohre, Masten und ähnlich lange Bauteile, das über die gesamte Fahrzeuglänge reicht. Die vordere Abstützung erfolgt über eine Rahmenverlängerung, auf der sich auch eine Seilwinde befindet. (39)

Im Zeitraum von 1988 bis 1992 entstanden 96 Stück des U1100T (Baumuster 417.000). Eines dieser Fahrzeuge, das bei einem Fleisch verarbeitenden Betrieb in Irland im Einsatz steht, zeigt dieses Bild. Der Unimog-Triebkopf wurde mit einem Ruthmann-Hubwagenaufbau vom Typ HU 11100 ausgestattet. Dieser bietet eine Nutzlast von 4600 kg. Mittels der Hydraulik kann der Behälter vom Bodenniveau bis 1600 mm Höhe angehoben werden, was insbesondere bei verschiedenen Rampenhöhen Vorteile beim Be- und Entladen bringt. (33)

Dieses Foto zeigt einen U1100T der Baureihe 417 beim Befahren eines Deponiegeländes. Der Triebkopf ist mit einem Container-Kipperaufbau der Firma Fasieco versehen. Eine Vielzahl an Containerbauarten ermöglicht hierbei den Transport verschiedener Stoffe. Als Frontanbaugerät verfügt der Unimog über eine Schmutzwasserpumpe. (02)

Aufgrund ihrer geringen Abmessungen und Gewichte eignet sich die Baureihe 408 besonders für leichte Waldbrandlöschfahrzeuge. Insbesondere in Slowenien, Frankreich und Italien werden entsprechende Fahrzeuge eingesetzt. Dieser U100L turbo gehört zum italienischen Zivilschutz und verfügt über einen Aufbau der Firma Giletta, bei dem der Aufstieg zur Dachplattform in den Aufbau integriert ist. (40)

Die Baureihe 408

Zusammen mit der Baureihe 418 wurde sie 1992 auf der IAA in Hannover vorgestellt. Bis zum Produktionsende 2001 war sie die leichteste Baureihe im Unimog-Verkaufsprogramm. Insgesamt entstanden 2050 Einheiten.

Verkaufsbezeichnungs- und Baumusterübersicht:

408:

U90	408.100
U90turbo	408.101
U100L	408.215
U100Lturbo	408.216

Die Firma Vattenfall ist ein großes Energieversorgungsunternehmen in Schweden. Im umfangreichen Fuhrpark finden sich auch diverse Unimog, so dieser U100L turbo der Baureihe 408. Das Fahrzeug erhielt ein verlängertes Fahrerhaus und einen Kofferaufbau, gefertigt vom schwedischen Unimog-Importeur Swedmog AB. Zusätzlich wurde eine Frontseilwinde der Firma Warn angebaut. Eingesetzt wird das Fahrzeug für Reparaturen und Wartungsarbeiten an Überlandleitungen. (61)

Die Zwischengeneration der Baureihe 417 basierte noch weitgehend auf den Vorgängerbaureihen 406/416.
Völlig neu entwickelt wurden die Baureihen 408 und 418, die auf der IAA 1992 in Hannover vorgestellt wurden. Schon um 1989 entstand dieses Foto, das einen Prototyp zeigt. Auch wenn es zu diesem Zeitpunkt bis zur Vorstellung noch fast drei Jahre sind, ist das grundsätzliche Styling schon gut erkennbar, allerdings wurden noch viele Details bis zum Serienanlauf geändert. (46)

Die Baureihe 418

Ab 1992 in Produktion, erfolgte mit ihr die Ablösung der Baureihe 417. Die Fahrzeuge der beiden Baureihen 408 und 418 wurden komplett neu entwickelt. Besonders auffällig ist das neu gestaltete Fahrerhaus, das es auf Wunsch in einer Sichtkanalausführung gab. Dieses bietet beste Sicht auf vorne angebrachte Anbaugeräte. Bis 1998 liefen 1223 Fahrzeuge vom Montageband in Gaggenau.

Verkaufsbezeichnungs- und Baumusterübersicht:
418:

U110	418.100
U130	418.102
U130T	418.000
U140	418.102
U140L	418.117, 418.217, 418.237
U140T	418.000

Unten: Mit der Baureihe 418 beteiligte sich die Mercedes-Benz AG auch an einer Ausschreibung über Transportfahrzeuge für die Schweizer Armee. Eines der Erprobungsmuster, das nun in Privathand ist, zeigt dieses Foto, auf dem der U140L bereits umlackiert ist. Gut zu erkennen ist die Dachreling auf dem Fahrerhaus sowie die Sichtkanalmotorhaube, die normalerweise nur an Fahrzeugen mit Frontanbaugeräten verbaut wird, da sie eine sehr gute Sicht auf das jeweilige Anbaugerät ermöglicht. (31)

Die Firma Hellgeth Engineering in Wurzbach fertigte in über 800 Arbeitsstunden – im Kundenauftrag aus den USA – dieses Trophy-Fahrzeug, das auf einem U140 der Baureihe 418 basiert. Allerdings ist von dieser Ausgangsbasis nicht mehr viel übrig geblieben. Die wichtigsten Daten in Stichpunkten: Leistung 205 PS aus vier Litern Hubraum, Höchstgeschwindigkeit 115 km/h, Leergewicht 3150 kg, erhöhte Federwege, Split- und Kriechganggetriebe, Rahmen abgeändert, offenes Fahrerhaus entstanden aus der Baureihe 408, Überrollbügel, Terratrip-Rallye-Computer, Reifengröße 405/R70, mechanische Seilwinde im Heck mit sechs Tonnen Zugkraft mit Zug nach vorne, elektrische Seilwinde mit Zug nach hinten (ebenfalls im Heck verbaut), alle Nebenaggregate geschützt im Rahmen montiert und noch viele weitere Details. Schon bei seinem ersten Einsatz bei der Croatia-Trophy erreichte das Fahrzeug den sechsten Platz unter mehr als 50 Teilnehmern. (69)

Unten: Plasser & Theurer in Wien fertigt unterschiedlichste Spezialmaschinen für den weltweiten Gleisbau. Eines dieser Geräte ist die Nivellierstopf- und Richtmaschine UST 78U zur Durcharbeitung von Gleisen, Weichen und Kreuzungen. Als Schienenfahrzeug fährt die Maschine auf zwei vierrädrigen Drehgestellen, wobei das hintere als Triebdrehgestell ausgeführt ist. Zugmaschine für den Straßentransport ist ein U130T-Triebkopf der Baureihe 418, der im angehobenen Zustand auch im Schienenbetrieb angekoppelt bleibt. Hier ein Fahrzeug, das zum Fuhrpark der Firma Klenk in Mühlacker gehört, bei Gleisbauarbeiten im Nürnberger Raum. (35)

Im März 2002 wurde im Berchtesgadener Land dieser UX100 (Baureihe 409) fotografiert.
Das zur Stadt Laufen gehörende Fahrzeug ist mit einem Gmeiner-Silostreugerät vom Typ STA-UX-DK ausgerüstet. Dieses Streugerät wird über die Unimog-Hydraulik angetrieben und verfügt über ein Fassungsvermögen von 1,3 Kubikmetern. Die mögliche Streubreite beträgt zwischen einem und sechs Metern. (31)

Die Baureihe 409

Die Baureihe 409 wurde 1996 auf der IFAT in München vorgestellt und sollte mit dem UX100 ein komplett neues Unimog-Marktsegment erobern. Viele der technischen Details dieser Fahrzeuge waren Neuerungen, so die Wechsellenkung Vario-Pilot. Nachdem man sich in Gaggenau auf das Kerngeschäft mit den schwereren Baureihen konzentrierte, wurden die gesamten Produktionseinrichtungen 1998 an die Hako-Firmengruppe abgegeben. Dort wird das Fahrzeug heute noch fast unverändert unter dem Namen Kommobil weitergebaut. Im Zeitraum der Gaggenau
er Produktion entstanden 790 Fahrzeuge.

Verkaufsbezeichnungs- und Baumusterübersicht:

<u>409:</u>

UX100H	409.100
UX100M	409.101

Aufgrund seiner geringen Abmessungen eignet sich der UX100 (Baureihe 409) ganz besonders zum Befahren von engen Gassen in Altstädten, Parkanlagen und schmalen Wegen in verkehrsberuhigten Zonen.
Das unten abgebildete Fahrzeug vom Typ UX100M ist mit einen Müllsammelbehälter vom Typ HG 4,5/HK der Firma Hagemann&Partner in Berlin ausgerüstet. Der Behälter hat ein Nutzvolumen von 4,3 Kubikmetern, mittels der eingebauten Pressvorrichtung erfolgt eine Müllverdichtung im Verhältnis von 4:1. (45)

Neben den Aufgaben als Arbeitsmaschine mit wechselnden Anbaugeräten kommt der UX100 der Baureihe 409 auch als Transportmittel zum Einsatz. Das im Mai 2001 aufgenommene Foto zeigt ihn beim Strandkorbtransport im Bade- und Luftkurort Tönning an der nordfriesischen Nordsee. Da durch das niedrige Gewicht und die breite Bereifung nur ein kleiner Bodendruck entsteht, ist auch das Befahren der Sandstrände problemlos möglich. (31)

Bislang ein Einzelstück ist der UX100 (Baureihe 409) bei der Feuerwehr. Die Freiwillige Feuerwehr in Neustadt an der Weinstraße hat dieses Wechselladefahrzeug (WLF) 1999 in Dienst gestellt. Der austauschbare Container ist mit einer Ruberg-Pumpe ausgerüstet. Diese erbringt bei 8 bar Druck eine Förderleistung von 800 Liter Wasser in der Minute. Der Wassertank fasst 1200 Liter. Gebaut wurde das Fahrzeug von der Firma H+E in Karlsruhe. (29)

Eine ganz besondere Attraktion für Besuchergruppen sind die Geländevorführungen auf dem Sauberg und in der Kiesgrube Ötigheim. Man muss es schon mit eigenen Augen gesehen haben, was der Unimog zu leisten vermag. Im Oktober 2000 war dieser U1450 der Baureihe 427 als Vorführfahrzeug eingesetzt. Bei den Vorführfahrzeugen handelt es sich um serienmäßige Fahrzeuge, lediglich die Pritsche wird mit etwas Ballast versehen. Um den Besuchergruppen die Beobachtung vom Verschränken der Achsen und das perfekte Anpassen des Fahrzeuges an Geländeunebenheiten zu erleichtern, ist der Kraftstrang hell lackiert. (31)

Die Baureihen 424 und 427

Über 25 Jahre lang prägten diese Baureihen das Bild vom Unimog bei den mittleren Baureihen. Technisch zwar immer auf den neuesten Stand gebracht, blieben die Fahrzeuge jedoch äußerlich fast unverändert. Die Baureihe 424 wurde 1976 eingeführt und blieb bis 1989 in der Fertigung. In diesem Zeitraum entstanden 11 233 Exemplare.
Ab 1989 erfolgte die Ablösung durch die Baureihe 427. Diese blieb bis 2002 in Produktion und brachte es auf 16 263 Fahrzeuge. Die Ablösung erfolgte – wie auch bei der Baureihe 437.1 – durch die neuen Geräteträger der Baureihe 405 ab 2000 und den hochgeländegängigen Fahrzeugen der Baureihe 437.4 ab 2002.

Verkaufsbezeichnungs- und Baumusterübersicht:

424:		U1200	427.101
U1000	424.121	U1200T	427.000
U1000T	424.131	U1250	427.110
U1200	424.122	U1250L	427.111
U1200T	424.132	U1400	427.102
U1250	424.126	U1400T	427.000
U1250L	424.127	U1450	427.112
U1550	424.126	U1450L	427.111
U1550L	424.127	U1600	427.105, 427.107
427:		U1650	427.115, 427.117
U1000	427.100	U1650L	427.116, 427.118

Böschungsmähwerke erlauben eine Vielzahl an Einsatzmöglichkeiten, da es eine große Auswahl an Wechselwerkzeugen für den Auslegerarm gibt. Dieser U1400 der Baureihe 427 wurde mit einer Holzzange ausgerüstet. Frontseitig ist eine schnell wechselbare, hydraulisch angetriebene Werner-Seilwinde montiert. Fotografiert wurde das Fahrzeug im März 2002 bei der Verladung von Kurzholz. Da beim normalen Mähwerkeinsatz im Sommer nur relativ geringe Geschwindigkeiten gefahren werden, ist ein Großteil der Fahrzeuge mit Klimaanlagen ausgestattet, so auch dieser Unimog. (26)

Bereits im September 1994 wurde dieser U1200 der Baureihe 427 im Chiemgau abgelichtet. Das Fahrzeug gehört zum Fuhrpark der Kreisstraßenmeisterei in Traunstein und war zum Zeitpunkt der Aufnahme mit einer Saku-Kehrmaschine vom Typ 4,2 ausgerüstet. Diese ist als Schnellwechselgerät konzipiert und verfügt über ein Volumen von 4200 Litern. An der vorderen Geräteplatte ist der 600 Liter fassende Wassertank montiert. Da das Fahrzeug im Winterhalbjahr überwiegend im Winterdienst eingesetzt wird, verfügt das Fahrerhaus über den Schmidt-Fahrerhausvorsatz mit Zusatzscheinwerfern, wie er überwiegend an Fahrzeugen mit Schneefräsen verbaut wird. (31)

Unten: Bei der Hochwasserschutzbehörde der belgischen Provinz Namur wird dieser U1000 der Baureihe 424 eingesetzt. Das Fahrzeug ist mit einem frontseitig angebauten Hiab-FMW-360-Ladekran mit Holzgreifer und Zweifachabstützung ausgerüstet. Zusätzlich verfügt das Fahrzeug auch noch über eine ebenfalls frontseitig angebaute Seilwinde. (39)

In der belgischen Hauptstadt Brüssel dient dieser U1400 (Baureihe 427) der Grünflächenunterhaltung. Das Fahrzeug ist frontseitig mit einer Werner-Seilwinde mit integrierter Bergstütze ausgerüstet. Am hinteren Dreipunktgestänge ist ein zapfwellengetriebener Holzhäcksler angebaut, der das Häckselgut direkt in den Sammelbehälter auf der Pritsche bläst. Um Beschädigungen beim Arbeitseinsatz zu vermeiden, können Windschutzscheibe und Kühlergrill durch Schutzgitter gesichert werden. (39)

Von einem Fahrschulfahrzeug werden unter anderem Robustheit, gute Übersicht und leichtes Bedienen erwartet, kein Wunder also, dass man den Unimog auch als Fahrschulfahrzeug findet. Das Foto zeigt einen U1000 aus der Baureihe 424 als Schulfahrzeug einer Traktor-Fahrschule in Franken – auch wenn der Unimog eigentlich viel mehr kann als ein normaler Traktor. (34)

Schon seit jeher gehören die Speditionen zum Käuferkreis des Unimog. Als universelle Arbeitsmaschine sorgt er für den Hofdienst, übernimmt Rangieraufgaben oder befördert Anhänger zum Kunden. Das im November 1993 aufgenommene Foto zeigt einen U1000 der Baureihe 424 der Spedition Weckerle in Schmiden beim Winterdienst.
Neben einem Schneepflug wurde ein Gmeiner-Einhängestreugerät vom Typ STA montiert, das von der Zapfwelle angetrieben wird; auf der Pritsche befindet sich zusätzliches Streugut. (31)

Ein U1600 (Baureihe 427) in der Ausführung als Industrie-Zugmaschine. Eingesetzt wird er im Stuttgarter DaimlerChrysler-Werk zum Umsetzen von Anhängern. Die kompakte Bauweise erlaubt das Mitführen von zwei Anhängern, ohne die gesetzliche Gesamtzuglänge zu überschreiten. Das mit einer Wandlerschaltkupplung ausgerüstete Fahrzeug gestattet im innerbetrieblichen Einsatz eine Anhängelast von über 100 Tonnen. Markant die vordere Schwerlaststoßstange mit zusätzlicher Rangierkupplung und die Anbringung von Ballastgewichten zwischen Fahrerhaus und Pritsche. (31)

Im nordfriesischen Dagebüll konnte im Mai 2002 dieser U1400 der Baureihe 427 fotografiert werden. Am Verladehafen der Nordseefähren zu den vorgelagerten Inseln wurde der Straßenbelag erneuert. Der Unimog dient hierbei zur Bindemittelausbringung. Dies kann Bitumen, Teer oder Asphalt sein, die in einem beheizten Tank mitgeführt werden. Die Ausbringung erfolgt über einen heckseitig montierten, höhenverstellbaren Spritzbalken. Vor der Ausbringung erfolgt die Reinigung der Arbeitsfläche durch die frontseitig angebaute Kehrmaschine. (31)

Das Bauunternehmen F. W. Fischer in Weilheim/Teck verfügt über einen umfangreichen Fuhrpark, darunter auch mehrere Unimog. Dieses Bild zeigt ein Fahrzeug der Baureihe 427 wie es für leichte Planierarbeiten und zur Reinigung der Zufahrtsstraßen auf Baustellen eingesetzt wird. Frontseitig ist ein Schmidt-Erdschieber Typ E zur Grobschmutzbeseitigung montiert, an den hinteren Anbaubeschlägen eine Kehrmaschine HKS desselben Herstellers. Zusätzlich verfügt das Fahrzeug über das auf Sonderwunsch erhältliche Hochdachfahrerhaus. (25)

Ebenfalls zur Reinigung der Zufahrtsstraßen auf Baustellen setzt die Firma Dieterich diesen U1000 aus der Baureihe 424 ein. Das Fahrzeug ist ein Rechtslenker, da dies für den Kehrmaschineneinsatz eine bessere Übersicht für den Fahrer ergibt. Frontseitig ist eine hydraulisch angetriebene Kehrmaschine angebaut. Statt der Pritsche war zum Zeitpunkt der Aufnahme eine Schmidt-Schnellwechselkehrmaschine SK 320 aufgebaut. Diese verfügt über einen Kehrichtbehälterinhalt von 2,5 Kubikmetern und wird von einem Hatz-Dreizylinder-Dieselmotor mit 49 PS angetrieben. Weitere Details des Fahrzeuges sind der Zyklon-Luftfilter sowie die zusätzlichen Spiegelpaare. (37)

Vor einem imposanten Alpenpanorama im Salzburger Land präsentiert sich dieser U1000 der Baureihe 424. Das Fahrzeug gehört zu einer Firma für Rohrleitungsbau. Ausgerüstet ist das Fahrzeug mit einem Schweißstromgenerator auf der Pritsche sowie einem Hiab-071-Ladekran mit Vierfachabstützung. Dieser Krantyp verfügt über ein maximales Hubmoment von 7,5 mt. Der Presslufterzeugung dient ein Kompressoranhänger, so dass alle zum Bau der Rohrleitungen notwendigen Energiearten vor Ort erzeugt werden können, ohne dass weitere Fahrzeuge für den Bautrupp notwendig sind. (36)

Dieser U1400 der Baureihe 427 verfügt über einen Frontbagger F26 HW BK der Firma Werner in Trier. Das Gerät ist schnell wechselbar und wird an der vorderen Anbauplatte montiert. Der Antrieb erfolgt über die Unimog-Hydraulik. Mit dem Gerät können Losbrechkräfte von 30 000 N erreicht werden. Der Schwenkbereich liegt bei 180°, die maximale Grabtiefe bei 2600 mm. Verschiedene Löffelbauarten erlauben den universellen Einsatz.
Ein besonderes Merkmal dieses Anbaugerätes ist die Zweifachabstützung sowie ein separater Beleuchtungsträger für die Straßenfahrt, da bei angebautem Gerät die Fahrzeugscheinwerfer und Blinker verdeckt werden. (16)

Verschiedene Hersteller bieten Baggeraufbauten für den Unimog an. Diese Geräte erfreuen sich in der Bauwirtschaft großer Beliebtheit. Kompakte Abmessungen, der Wegfall zusätzlicher Transportfahrzeuge sowie die hohe Straßengeschwindigkeit und die universelle Einsetzbarkeit ermöglichen ein rationelles Arbeiten auch auf kleineren Baustellen. Das Foto zeigt einen U1400 der Baureihe 427 mit einem Aufbau der Firma ematec in Benningen. Der Aufbaubagger M215 erbringt Leistungen, die mit einem Fünftonnen-Mobilbagger vergleichbar sind. Verschiedene Greifer ermöglichen die Anpassung an die jeweilige Einsatzsituation. (31)

Ab 1994 wurde bei der Bundesluftwaffe der Flugzeugschlepper U900 (Baureihe 406) durch den U1200 der Baureihe 427 abgelöst. Neben der eigentlichen Aufgabe des Flugzeugschleppens werden die Fahrzeuge auch zu Reinigungs- und Winterdienstaufgaben auf dem Flugplatzgelände genutzt. Ein Teil der Fahrzeuge verfügt daher über Zwischenachskehrmaschinen der Firma Schmidt. Daneben gibt es Ausführungen mit Vorbaukehrmaschine oder Schneepflug. Eines dieser Fahrzeuge zeigt das Foto, das auf einem Flugplatz in Bayern aufgenommen wurde. Gut zu erkennen ist der Zusatzölkühler des Drehmomentwandlers, der oberhalb des Auspufftopfes montiert ist. (42)

Oben: Unimog-Triebköpfe mit Ruthmann-Niederflurhubwagen findet man bei vielen Werk- und kommunalen Feuerwehren im Einsatz. Eine große Anzahl an möglichen Behältervarianten und das einfache und schnelle Wechseln erlauben einen rationellen Betrieb. Das abgebildete Fahrzeug, ein U1400T der Baureihe 427 vom Baujahr 1998, gehört zu einer Logistikeinheit der Düsseldorfer Feuerwehr. Zum Zeitpunkt der Aufnahme beförderte das Fahrzeug einen offenen Behälter, der zum Transport eines kleinen Radladers dient. Daneben wird noch ein geschlossener Behälter mit Plane für allgemeine Transportaufgaben sowie eine Tankeinheit für die Kraftstoffversorgung an Einsatzstellen vorgehalten. (45)

Unten: Besonders beliebt ist die Baureihe 424/427 als Basisfahrzeug für den Zweiwege-Einsatz. Die ersten Firmen, die Unimog-Zweiwegefahrzeuge fertigten, waren Ries in Bruchsal und Beilhack in Rosenheim. Heutzutage kommen die meisten Unimog, die auch auf der Schiene zu Hause sind, von den Firmen Zweiweg in Leichlingen und Zagro/Zwiehoff in Bad Rappenau, aber auch ausländische Anbieter wie CMAR bieten diese Fahrzeuge inzwischen an. Die nachfolgenden Bilder zeigen einen Querschnitt, was in diesem Bereich möglich ist. Dieses Bild entstand 1989 während einer Vorführung einer Loctrac 82S der Firma Zweiweg bei den Norwegischen Staatsbahnen (NSB) in Auma. Das Basisfahrzeug ist ein U1200 der Baureihe 427, der allerdings mit den größeren L-Achsen und einem 168 PS leistenden Motor ausgerüstet ist. Der angehängte Holzzug hat ein Gesamtgewicht von 600 Tonnen und wird mittels der eingebauten Waggonbremsanlage sicher abgebremst. Zwischenzeitlich hat die NSB mehrere Unimog-Zweiwegefahrzeuge in verschiedenen Versionen beschafft. (04)

Eine Innovation im Bereich der Unimog-Zweiwegefahrzeuge ist der neue RailStar 2000 der Firma Zweiweg in Leichlingen. Er wurde aus der Loctrac ZW 100S weiterentwickelt. Als Basisfahrgestell dient ein U1650 der Baureihe 427 mit 240 PS Leistung. Mit einer maximalen Zugkraft des Unimog von 85 kN und einer erlaubten Anhängelast von 1200 Tonnen ist ein Einsatz einer kostenträchtigen Lokomotive oftmals nicht mehr nötig. Der umlaufende Rahmen erlaubt eine deutliche Erhöhung der zulässigen aufzunehmenden Druck- und Zugkräfte und ermöglicht das uneingeschränkte Einstellen des Fahrzeuges in die Rangiereinheiten. An den Stirnseiten befinden sich Pufferplatten; das An- und Abkoppeln erfolgt über schwenkbare, automatische Kuppelstangen. Das zulässige Gesamtgewicht beträgt 12 500 kg, der kleinste befahrbare Gleisbogen liegt bei 50 Metern. Das sichere Abbremsen des Rangierverbundes erfolgt über die aufgebaute Waggonbremsanlage, die sowohl auf die Waggons als auch auf die Unimog-Bremsanlage wirkt. (23)

Dieses Foto entstand auf einer Baustelle für Hochgeschwindigkeitszüge in Japan. In Doppeltraktion ziehen zwei ZW 100S auf Basis des U1650 (Baureihe 427) einen mit Schienen beladenen Bauzug. Eine Besonderheit dieser Fahrzeuge von Zweiweg ist die Ausstattung mit einem verschleißlosen Retarder-Bremssystem. (02)

Unten: Dieser U1000 der Baureihe 424 wurde von Zweiweg in ein Zweiwegefahrzeug vom Typ ZW 82 S umgebaut. Das Fahrzeug ist mit einem Schmidt-Mulag-Böschungsmähwerk ausgerüstet. Statt eines Mähkopfes war zum Zeitpunkt der Aufnahme eine Waschbürste montiert. Diese wird beim Schieneneinsatz zur Reinigung von Signalen, Hinweisschildern, Tunnel und sonstigen bahntechnischen Anlagen verwendet.
Gut zu erkennen sind die kleinen Rollenspurhalter für enge Gleisradien und die Federwegblockierung der Hinterachse, die ein Aufschaukeln im Arbeitseinsatz verhindert. (04)

Um die Entgleisungsgefahr und den Verschleiß zu verringern, ist es bei Schienenanlagen in Rillenbauweise nötig, in gewissen Zeitabständen Ablagerungen von Schmutz und Bremssand zu entfernen. Das Foto zeigt eine Rillenreinigungsmaschine vom Typ Loctrac 82 S der Firma Zweiweg. Als Basis dient ein Unimog 1650 der Baureihe 427. Mit einem in der Saugvorrichtung befindlichen Meißel und einem Hochdruckwasserstrahl werden die Verschmutzungen gelockert und entfernt. Der Sammelbehälter fasst vier Kubikmeter, an Wasser werden 1150 Liter mitgeführt. Der Antrieb des Systems erfolgt über einen separaten Hatz-Dieselmotor. Je nach Verschmutzungsgrad werden 3 bis 5 km Schiene in der Stunde gereinigt. Mittels eines handgeführten Saugschlauches ist darüber hinaus das Reinigen von Gullys und Weichenkästen im Schienenbereich möglich. (04)

Schon traditionell erscheinen in den Büchern des Autors Unimog der STIB/Brüssel, die in der belgischen Hauptstadt den öffentlichen Nahverkehr betreibt. Das neueste Fahrzeug im umfangreichen Unimog-Fuhrpark ist dieser U1650L der Baureihe 427, der mit einer Schienenfahreinrichtung von Zweiweg versehen wurde. Hauptaufgabe ist wie beim Bild oben die Rillenreinigung des umfangreichen Schienennetzes der Straßenbahn. Zur Grobreinigung dient eine Vorbaukehrmaschine. Der Aufbau stammt von der Firma Trilety – in Belgien über Assaloni vertrieben –, als Kraftquelle dient auch hier ein Hatz-Diesel. Sechs Kameras erlauben dem Bediener beste Sicht auf das Gleisbett und das Fahrzeugumfeld. – An dieser Stelle möchte der Autor danken: Herrn Guy Rogier und seiner Mannschaft von der STIB für das außerordentliche Engagement und die kontinuierliche Unterstützung auch bei diesem dritten Buch. (31)

Die A/S Sporveier betreibt in der norwegischen Hauptstadt Oslo das Straßenbahnnetz. Um auch bei winterlichen Verkehrsverhältnissen den Fahrbetrieb aufrecht erhalten zu können, ist dieser U1600 der Baureihe 427 zum Freihalten des Schienennetzes im Einsatz.
Das von der Firma Zweiweg aufgebaute Fahrzeug ist mit Vorbauschneepflug und Silostreugerät ausgerüstet. Das Fahrzeug ist ein Rechtslenker, was bei manchen Einsätzen von Vorteil ist. (04)

Bei der Errichtung neuer Schienenwege und bei Instandsetzungsarbeiten am Gleiskörper muss der Schotter so verteilt und profiliert werden, dass der vorgeschriebene Schotterquerschnitt erreicht wird. Hierfür kommt in England nun eine Loctrac ZW100S der Firma Zweiweg zum Einsatz, die von ihrem Besitzer auf den Namen „Scorpion" getauft wurde. Basis ist ein U1650 der Baureihe 427. Die Schotterpflugeinrichtung besteht aus dem Frontpflug, den Quer- und den Flankenpflügen, die alle universell auf die jeweilige Arbeitsposition einstellbar sind. Ergänzt wird das System durch zwei Kanten-Plattenverdichter am Heck zur zusätzlichen Verfestigung des Gleisbetts im Bereich der Schwellenenden. (04)

Unter beengten Platzverhältnissen kann der Unimog seine Stärken wie geringe Fahrzeugabmessungen gekonnt einsetzen. Die beiden Fotos zeigen einen U1000 aus der Baureihe 424 bei Bohrarbeiten im Brüsseler Hauptbahnhof. Das von Zweiweg aufgebaute Zweiwegefahrzeug ist mit einem sehr niedrig bauenden Bohrgerät ausgerüstet, was aufgrund der Fahrleitungshöhe erforderlich war. Das zur belgischen Baufirma BESIX gehörende Fahrzeug ist an der Hinterachse mit Federwegblockierungen ausgestattet, die ein Aufschaukeln des Fahrzeuges verhindern. Weitere Details: hintere schmale Abstützung und frontseitig quer abgelegter Bohrkopf. (39)

In einer recht farbenfrohen Kontrastlackierung für eine bessere Erkennbarkeit bei Arbeiten auf dem Fahrweg präsentiert sich dieser U1650 der Baureihe 427. Das Fahrzeug wird in England eingesetzt und wurde von der Firma Two Way Technology Ltd. in Fife in Schottland zum Zweiwegefahrzeug umgebaut. Ausgerüstet ist das Fahrzeug mit einem hydraulischen Hubsteiger mit Vierfachabstützung. Eingesetzt wird das Fahrzeug unter anderem zu Wartungs- und Reparaturarbeiten an Signalen und der Fahrleitung. (01)

Unten: Die Salzburger Lokalbahn verfügt über ein umfangreiches Streckennetz. Als Arbeitswagen für die Wartung und Reparatur der Fahrleitung kommt ein U1250 der Baureihe 427 zum Einsatz. Das Fahrzeug ist mit einer Wumag-Elevant-Hubarbeitsbühne ausgerüstet. Um bei nächtlichen Arbeiten die Geräuschemissionen gering zu halten, verfügt das Fahrzeug neben einer besonderen Dämmung über eine groß dimensionierte Batterieanlage, die einen Betrieb ohne den Fahrmotor ermöglicht. Eine weitere Besonderheit ist die Verwendung einer L-Achse mit acht Radbolzen an der Hinterachse. Diese wurde aufgrund der hohen Achslast montiert und wird normalerweise nicht an der mittleren Baureihe eingebaut. (36)

Auf Basis eines U1600 der Baureihe 427 entstand bei der Firma Zweiweg dieses imposante Zweiwege-Fahrzeug ZW 120 S, das in der Türkei eingesetzt wird. Das Fahrgestell wird durch eine luftgefederte Nachlaufachse zum Dreiachser mit einem zulässigen Gesamtgewicht von 16 Tonnen. Das Fahrzeug wird bei Streckenbauarbeiten eingesetzt. Mittels des leistungsstarken HIAB-190-Ladekranes werden unter anderem Masten gesetzt. Die aufgebaute Hubarbeitsbühne dient zur Montage und Reparatur an der Oberleitung. Eine Waggonbremsanlage erlaubt das Mitführen von Waggons mit bis zu 300 Tonnen Anhängelast. Diese Ausstattung ermöglicht es, alle anfallenden Arbeiten des Bautrupps mit nur einem Fahrzeug auszuführen – eben typisch Unimog. (04)

Eisenbahntunnel müssen alle drei Jahre überprüft werden; dies geschah bisher weitgehend manuell und zeitaufwändig. Neu ist nun ein Scanner-Verfahren, das mit einem schnell rotierenden Laser (8400 Umdrehungen pro Minute) den Tunnel abtastet und in 10 Minuten einen Kilometer Tunnellänge überprüft. Die Auswertung erfolgt dann über Computer. Dieses System ist auf einem Zweiwege-Fahrzeug Loctrac ZW 82S aufgebaut. Das Basisfahrzeug stammt aus der Unimog-Baureihe 427. Betreiber ist die englische Firma Network South East.
Aufgebaut wurde das „Tunnel Integrity Survey Vehicle“ von der Firma Zweiweg, wobei die Messtechnik von der Firma Spacetec stammt. (04)

Weltweit setzen Eisenbahnverwaltungen und Verkehrsbetriebe den Unimog als Zweiwege-Fahrzeug ein, so als Einsatzfahrzeug bei technischen Hilfeleistungen, bei Unfällen oder Entgleisungen. Das Foto zeigt einen U1650L der Baureihe 427. Das zur BVG Berlin gehörende Fahrzeug präsentiert sich auf dem Foto mit geöffneten Geräteräumen: Schön ersichtlich die gute Zugänglichkeit und günstige Entnahmehöhen durch die abgeklappten Kniehebelbordwände. An der vorderen Geräteplatte ist eine schnell wechselbare Seilwinde angebaut; diese kann kurzfristig gegen andere Anbaugeräte ausgetauscht werden. (65)

Bereits im Vorgängerbuch „Unimog im Einsatz" war auf Seite 105 das Zweiwege-Hilfsfahrzeug der STIB zu sehen. Zwischenzeitlich wurde die Lackierung abgeändert und das Fahrzeug mit einer Frontschutzplatte versehen. Gut zu erkennen ist die Aussparung für die Hydraulikanschlüsse, an die nach Bedarf die mitgeführten hydraulischen Hebewerkzeuge angeschlossen werden. Das Fahrzeug ist ein U1650 der Baureihe 427. (31)

Während der Festveranstaltung „50 Jahre Unimog-Bau in Gaggenau“ im Juni 2001 war erstmals ein U500 (Baureihe 405) in einer Vorserienausführung für Nordamerika ausgestellt. Unter den Markennamen des DaimlerChrysler-Konzerns, wie Freightliner, American LaFrance, Western Star und Stirling wurden ab Oktober 2002 die ersten Fahrzeuge ausgeliefert. Von seinen europäischen Brüdern unterschied sich das ausgestellte Fahrzeug nur in Details wie Scheinwerfern, Anhängekupplung und dem Markensignet. (31)

Die Baureihe 405

Eine völlig neue Unimog-Konzeption stellt die Baureihe 405 dar, die ab März 2000 angeboten wird. Gemäß den Umfeld- und Arbeitsbedingungen wurden zwar leichte Abstriche an der Geländegängigkeit gemacht, dafür aber besonderer Wert auf zeitgemäße Technik und Komfort für das Bedienerpersonal gelegt. Wechsellenkung, Leistungshydraulik, EPS-Schaltung und viele weitere Neuerungen erlauben einen wirtschaftlichen Ganzjahreseinsatz dieser Geräteträger. Dominiert wird das Fahrzeug durch ein Fahrerhaus aus Faserverbund-Werkstoff, das beste Übersicht bietet. Bis zum Redaktionsschluss dieses Buches entstanden bereits 1827 Fahrzeuge.

Ab August 2002 gliedert sich das Unimog-Programm nun in die Geräteträger der Baureihe 405 sowie die hochgeländegängigen Fahrzeuge der Baureihe 437.1.

Verkaufsbezeichnungs- und Baumusterübersicht:

405:	
U300	405.100, 405.120
U400	405.102, 405.122
U500	405.200, 405.220

Unten: Mit einem Mulchgerät, Uni-Mäher UM23 von Dücker, ist dieser U300, Baureihe 405, ausgerüstet. Gut zu erkennen der Antrieb über die vordere Zapfwelle. Das Gerät besitzt eine Arbeitsbreite von 2300 mm. Eine Seitenverschiebung um 600 mm und eine automatische Bodenanpassung erlauben eine konstante Mähleistung, die gewünschte Mähhöhe ist wählbar. Je nach Bewuchs sind damit Flächenleistungen bis zu 1,8 Hektar pro Stunde möglich. (02)

Viele der heute in der Landwirtschaft eingesetzten Unimog sind mit Großflächenspritzanlagen ausgerüstet. Hohe Nutzlast und der große Bereich der möglichen Arbeits- und Transportgeschwindigkeiten machen den Unimog zum idealen Trägerfahrzeug. Das Foto zeigt einen U400 der Baureihe 405. Aufgebaut ist eine Profi-Class-Aufbauspritze der Firma Dammann in Buxtehude. Je nach Ausführung der Ausleger sind Arbeitsbreiten von 18 bis 30 Metern möglich. An Spritzmittel werden je nach Behältergröße 2000 bis 3000 Liter mitgeführt. Die Pumpenleistung beträgt 250 Liter in der Minute. (31)

Auf den ersten Blick ist dieses Fahrzeug nur noch an den Radnaben und der vorderen Stoßstange als U400 der Baureihe 405 zu erkennen. Das Basisfahrzeug wurde von der Firma South Cave Tractors in York/England zu einer selbst fahrenden Großflächenspritze mit Allradlenkung umgebaut. Das Fahrzeug verfügt damit über einen kleinen Wendekreis, durch die gleiche Spurweite an Vorder- und Hinterachse werden Überfahrschäden an den Getreidepflanzen vermieden. Es können bis zu 3500 Liter Spritzmittel mitgeführt werden, die Auslegerarme variieren von 24 bis 36 Meter. Die Frontlenkerkabine ermöglicht beste Sichtverhältnisse. Eingesetzt wird das neue Fahrzeug von der Firma Agrovista in East Anglia, die bereits drei U1600 im Einsatz hat. (01)

Ein Profi-Mähfahrzeug für große Flächen- und Arbeitsleistungen ist dieser U400 der Baureihe 405. Ausgestattet ist er mit einem kombinierten Randstreifenmähgerät/Böschungsmähwerk MKM 700 im Frontanbau und einem Böschungsmähwerk MHU 800 auf der Pritsche. Diese Trio-Mähwerkkombination der Firma Mulag ermöglicht bei einer durchschnittlichen Mähgeschwindigkeit von 4 km/h Flächenleistungen von über 15 000 Quadratmetern in der Stunde. Die Beifahrertüre wird durch eine spezielle Mähwerkstüre ersetzt, diese bietet dem Bediener beste Sicht auf die Arbeitsgeräte. Angetrieben werden die Mähwerke durch die Leistungshydraulik und die Frontzapfwelle des Unimog. Neben verschiedenen Mähköpfen steht ein breites Spektrum an Werkzeugen für die unterschiedlichsten Arbeiten zur Verfügung. Außerhalb der Mähsaison ist das Trägerfahrzeug nach Abbau der Mähwerke für andere Aufgaben wie den Winterdienst verfügbar. (31)

Unten: Bei einer Gerätevorführung im September 2001 im Schwarzwald entstand dieses Foto, das ebenfalls eine Mähwerkkombination zeigt. Als Trägerfahrzeug dient ein U400 der Baureihe 405 mit Anbaugeräten der Firma Dücker, und zwar einem Randstreifenmähgerät RSM 13 und einem Böschungsmähwerk UNA 600 im Frontanbau. Am Arm des Böschungsmähers ist eine Astschere angebracht, wie sie bei Rückschnittaktionen und dem Freihalten von Lichtraumprofilen zum Einsatz kommt. Die Pritsche ist mit einem Gewicht ballastiert, auf dem Dach befindet sich eine abgeklappte Verkehrswarnanlage. (31)

Dieses Foto entstand im tschechischen Teplice, es zeigt einen U300 der Baureihe 405. Gut zu erkennen ist die Montage des schnell wechselbaren Kehrmaschinenaufbaus auf den Kugelpunkten des Pritschenrahmens. Hersteller der Kehrmaschine ist die Firma Trilety in Österreich. Das Fahrzeug gehört zum Fuhrpark eines Prager Reinigungsunternehmens. (59)

Unten: Natürlich fährt auch der Bauhof am Wohnort des Autors Unimog. Für den Winterdienst, den Transport von kleinen Baumaschinen und Material sowie für die sonstigen kommunalen Aufgaben setzt die Stadt Waiblingen diesen U400 (Baureihe 405) ein. Das Fahrzeug ist mit einem CAK-45-UL-Absetzkipper der Firma Jotha ausgestattet. Eine große Auswahl an Norm- und Sonderbehältern erlaubt ein breites Einsatzspektrum, selbst Silostreugeräte können aufgenommen und betrieben werden. (31)

Dieser U400 der Baureihe 405 verfügt als Anbaugerät über das Track-Jet-Modul der Firma Weigel. Das Gerät arbeitet mit einem Präzisions-Höchstdruck-Wasserstrahlverfahren mit 2500 bar. Eingesetzt wird das Anbau-Modul zur Entfernung von Gummiabrieb auf Start- und Landebahnen von Flughäfen, zum Entfernen von Markierungen aller Art, und zur Verbesserung der Griffigkeit von Asphaltoberflächen. Die Arbeitsbreite beträgt 2200 mm, die maximale Vorschubgeschwindigkeit 1000 m/h. Je nach Einsatzart liegt die Flächenleistung bei 200 bis 2000 m² pro Stunde. Pro Minute werden nur 29 l Wasser benötigt, die aus einem GFK-Fass auf der Unimog-Pritsche entnommen werden. (14)

Unten: Obwohl Japan über eine eigene, sehr starke Kraftfahrzeugindustrie verfügt, setzt man doch auch hier in hohem Maße auf den Unimog. Das Foto zeigt einen U400 der Baureihe 405 beim Reinigen einer Lärmschutzwand mittels einer aufgebauten Bürstenwaschanlage wie sie auch beim Reinigen von Tunnelwänden zum Einsatz kommt. (10)

Neben Fahrzeugen der schweren Baureihe 437 finden nun auch verstärkt die Fahrzeuge der Baureihe 405 Verwendung bei der Waldbrandbekämpfung. Zwei Beispiele aus Italien zeigt diese Seite.

Auf dem Landsitz des italienischen Staatspräsidenten, der „Tenuta Di Castelporziano" in der Nähe von Rom, wird dieser U300 mit kurzem Radstand eingesetzt. Das Fahrzeug wurde von der Firma Giletta mit einem schnell wechselbaren Feuerwehraufbau versehen. Es verfügt über einen Löschwassertank mit 1500 Liter Inhalt. Eine Hochdruckpumpe erlaubt die Abgabe von 260 l/min bei 60 bar. Wie alle Feuerwehrfahrzeuge der italienischen Forstbehörde ist auch dieser Unimog in Dunkelgrün lackiert. (02)

Unten: Ebenfalls mit einem schnell wechselbaren Aufbau der Firma Giletta versehen, wurde dieser U400 (mit langem Radstand). Er wird wie beim Fahrzeug oben auf den Kugelköpfen des Pritschenrahmens montiert. An Löschmittel werden 3500 Liter Wasser mitgeführt. Das Fahrzeug wurde anlässlich einer Vorführung im sizilianischen Catania fotografiert. (02)

Bereits seit über 10 Jahren führt die Spedition Schuon im Auftrag von DaimlerChrysler Materialtransporte zwischen den Getriebewerken in Rastatt und Gaggenau mit Unimog-Lastzügen durch. Während in den Werken jeweils ein Anhänger beladen wird, ist ein Zug mit bis zu 22 Tonnen Nutzlast unterwegs, so dass an den Materialbahnhöfen nur umgekuppelt werden muss. Seit Herbst 2001 wird hierfür ein U500 (Baureihe 405) eingesetzt, der täglich bis zu acht Umläufe schafft. (30)

Brauereien in Bayern gehören seit jeher zum Unimog-Kundenkreis, so auch die Wieninger-Brauerei in Teisendorf. Als Nachfolger eines U1400 wird nun ein U300 der Baureihe 405 eingesetzt. Neben Rangierarbeiten und dem Winterdienst auf dem Brauereigelände dient der Unimog auch zur Versorgung von bewirtschafteten Almen und Hütten. Frontseitig ist ein Vorbaustapelmast angebaut, damit kann der Unimog auch zu Umschlagsarbeiten wie dem Be- und Entladen eingesetzt werden. (31)

Die Gewerkschaftsjugend der IG Metall Baden-Württemberg verfügt über diesen U300 der Baureihe 405. Das Fahrzeug dient überwiegend zum Transport von Lautsprechern, Podesten, Stellwänden und sonstigem Material für Großveranstaltungen. Für die notwendige Energieversorgung vor Ort ist in dem großen Staukasten unterhalb der Pritsche ein Stromerzeuger eingebaut. (27)

Bei Ausfall einer der stationären Telefonvermittlungsanlagen für den Mobilfunk dient dieser U300 der Baureihe 405 der japanischen Gesellschaft NTT als mobile Vermittlungsstation. (10)

Die E.ON Bayern gehört zu den größten regionalen Energiedienstleistern in Deutschland. In einem Vertriebsgebiet von rund 50 000 km² mit zwei Millionen Kunden werden pro Jahr 34 Milliarden Kilowattstunden abgesetzt.
Seit Juli 2002 werden bestimmte Arbeiten am 20-kV-Freileitungs-Stromnetz auch an unter Spannung liegenden Leitungen durchgeführt. Dies ist ein Novum und erlaubt ein wirtschaftlicheres Arbeiten ohne Abschaltung des Netzes. Pro Jahr sind es circa 2000 Einsätze am 25 000 km umfassenden Freileitungsnetz, für die ein leistungsfähiges Arbeitsgerät benötigt wird. Hierfür setzt die E.ON zwei U500 der Baureihe 405 ein. Die Fahrzeuge sind mit einem Hubsteiger-Aufbau der Firma Versalift versehen. Dieser ermöglicht eine Arbeitshöhe von 19 Metern. In Geräteräumen am Aufbau werden Werkzeuge und Ersatzteile mitgeführt. Zusätzlich verfügt das Fahrzeug über eine Werner-Frontseilwinde vom Typ F56 Ml. (18)

Unten: Im englischen Atherstone befindet sich das Volkswagen-Zentralersatzteillager für ganz Großbritannien. Die Firma TNT betreibt dort im Auftrag von VW die komplette Beschickung und Versandlogistik. Für den Rangierbetrieb wird der hier abgebildete U400 aus der Baureihe 405 eingesetzt. Die Umrüstung zum Zweiwege-Fahrzeug erfolgte durch die Firma Two Way Technology in Fife in Schottland. Das Fahrzeug ist ausgelegt für eine Anhängelast bis 600 Tonnen. (01)

Dieser Zweiwege-U400 der Baureihe 405 wird von der Firma Kölngleis bei Gleisbauarbeiten aller Art eingesetzt. Das von der Firma Zweiweg aufgebaute Fahrzeug verfügt über einen Palfinger-16502-Ladekran mit Vierfachabstützung. Damit bei Arbeiten auf dem Fahrweg keine Kranteile in den Gegenverkehr oder in die Fahrleitung geraten, ist das Fahrzeug mit einstellbaren Hubhöhen-, Abstützbreite- und Schwenkbereichsbegrenzungen ausgestattet, die je nach Lage vor Ort angepasst werden können. Der Kran ermöglicht bei einer maximalen Ausladung von 12,5 Metern eine Hublast von 990 kg. Weiterhin verfügt das Fahrzeug über eine eingebaute Waggonbremsanlage für den Betrieb bei angekoppelten Güterwagen, auf denen unter anderem das Baumaterial mitgeführt wird. Gut zu erkennen auch die großen Rollenspurhalter der Schienenführung. (23)

Bei der Firma Balfour Beatty in England wird dieser U400L der Baureihe 405 eingesetzt. Er ist mit einer Hubarbeitsbühne und einer Zweiwegeausrüstung der Firma Two Way Technology versehen. Sein Arbeitsgebiet sind Bau-, Wartungs- und Reparaturarbeiten an der Oberleitung entlang des englischen Eisenbahnnetzes. Aufgrund der besseren Erkennbarkeit sind die Frontpartien englischer Zweiwege-Fahrzeuge in Gelb gehalten – unabhängig von den Firmenfarben – was mitunter recht farbenfrohe Fahrzeuge ergibt. Siehe auch Seite 95 oben. (01)

Eines der ersten Vorserienfahrzeuge des U2450L 6x6 der Baureihe 437 zeigt dieses Foto. Es wurde während der Fahrzeugerprobung in einem Steinbruch aufgenommen.
Die ersten Fahrzeuge verfügten noch über einen Radstand von 3250 mm von der Vorder- zur ersten Hinterachse. Mit dem Serienanlauf wurde dieser auf das Maß von 3900 mm geändert. (02)

Die Baureihen 425, 435, 437.1

Mit der Baureihe 425 begann 1974 die Ära der schweren Unimog-Baureihen, die im Lauf der Jahre in immer neue Leistungsklassen vorstießen und die es auf das umfangreichste Typenangebot brachten. Die Baureihe 425 blieb bis 1988 in Produktion, es entstanden 3135 Fahrzeuge. Die Baureihe 435 brachte es im Bauzeitraum von 1976 bis 1993 auf 30 726 Fahrzeuge. Diese beiden Baureihen wurden ab 1988 schrittweise durch die Baureihe 437.1 abgelöst, die sich bis 2002 in der Fertigung befand und 10 691 Fahrzeuge umfasste.
In türkischer Lizenzfertigung wird die Baureihe 436 gefertigt. Sie basiert auf den Baureihen 435 und 437. Bis zum Redaktionsschluss dieses Buches wurden hiervon 7137 Fahrzeuge produziert. Die Ablösung der Baureihe 437.1 erfolgte im August 2002 durch die neuen hochgeländegängigen Fahrzeuge der Baureihe 437.4.

Verkaufsbezeichnungs- und Baumusterübersicht:

425:	
U1300	425.121
U1500	425.141
U1500T	425.131
435:	
U1300L	435.115, 435.117
U1700	435.110
U1700L	435.111, 435.113
Teilesatz	435.160, 435.170 (Für Thyssen-Modell TM 170)
Teilesatz	435.161 (Für Thyssen-Modell TM 215)
436:	
U1300L	436.320, 436.321, 436.325, 436.326
U1700L	436.341
437:	
U1350L	437.110
U1550L	437.111, 437.116, 437.120, 437.123, 437.125, 437.141
U1700	437.100, 437.102
U1700T	437.000, 437.002
U1750	437.112, 437.114, 437.130, 437.132
U1750L	437.113, 437.115, 437.131, 437.133
U1800	437.102
U1800T	437.002
U1850	437.114
U1850L	437.115, 437.133
U2100	437.105
U2100T	437.002
U2150	437.117, 437.135
U2150L	437.118, 437.136
U2400	437.105
U2400TG	437.182
U2450	437.117, 437.135
U2450L	437.118, 437.136
U2450L6x6	437.156

Schon seit den 1950er Jahren werden Unimog auch zur Waldkalkung eingesetzt (siehe auch Seite 12 unten). Die Ausbringung des Bindemittels erfolgt hierbei durch ein leistungsstarkes Gebläse, so dass ein direktes Befahren der entsprechenden Waldgebiete oft nicht notwendig ist. Das Foto zeigt einen U2450L (Baureihe 437) der Firma Silvatec in Neuenstein. Das Fahrzeug ist mit einer Unterbodenschutzplatte, einem Astabweiser für das Fahrerhaus sowie einer Werner-Frontseilwinde F50.1 H1HW mit fünf Tonnen Zugkraft ausgestattet. (16)

In der kanadischen Provinz British Columbia ist dieses Foto eines U1700 der Baureihe 437 entstanden. Das Fahrzeug wird zur Renaturierung von ehemaligen Straßen und für den Erosionsschutz von Wassereinzugsgebieten eingesetzt. Die Ausbringung von Saatgut für neuen Bewuchs erfolgt über ein Niederdruckpumpensystem manuell mit einer Sprühpistole aus einem 6000 Liter fassenden Tank (Hydro-Saatverfahren). Die Arbeitsplattform befindet sich oberhalb des Tanks und dient auch zum Transport von Material. Daneben wird das Fahrzeug zur Waldbrand- und Schädlingsbekämpfung sowie für den Winterdienst eingesetzt. (02)

„Der Unimog im Haus erspart das Gerüst“, dies könnte das Motto des unten gezeigten Umbaus sein.
Als Arbeitsplattform beim Hallenbau kommt dieser U1300L der Baureihe 435 zum Einsatz. Auf der Pritsche wurde eine ausgemusterte Militärkabine montiert und mittels Zurrbändern fixiert. Darauf findet eine Arbeitsplattform aus Holz Platz, die mit Profilrohren auf der Stoßstange abgestützt ist. Um ein Aufschaukeln des Fahrzeuges zu verhindern, wurde die Hinterachse mit Federwegblockierungen ausgestattet, wie sie sonst an Mähwerken und Ladekränen Verwendung finden. (31)

Auf einem der größten Flughäfen Europas, im britischen Heathrow nahe London, ist dieser Unimog der Baureihe 435 im Einsatz. Das Fahrzeug trägt ein Schmidt-Mulag-Böschungsmähwerk, das mit einer Waschbürste ausgerüstet ist. Damit werden technische Anlagen auf dem Flughafengelände wie Schilder, Signalbrücken und Unterführungen gereinigt. Eine entsprechende Reinigungsflüssigkeit wird in einem auf dem Geräterahmen montierten Tank mitgeführt. (02)

Auch der Salzburger Flughafen verfügt über eine umfangreiche Unimog-Flotte für die verschiedensten Aufgaben. Eines der Fahrzeuge ist der abgebildete U5, ein U1700 (Baureihe 437) des Baujahrs 1989. Im Rahmen des Winterdienstes auf dem Flughafengelände ist er mit einer Frässchleuder der Firma Kahlbacher in Kitzbühel ausgerüstet. Die KFS 950/26002 wird durch die vordere Zapfwelle angetrieben. Bei einer Arbeitsbreite von 2600 mm erreicht sie Wurfweiten bis zu 30 Meter. (49)

Die Firma Fabricom ist ein belgisches Unternehmen und ist auf den landesweiten Leitungsbau spezialisiert. Sie verfügt über einen ansehnlichen Unimog-Anteil im Fuhrpark. Als Nachfolger des auf Seite 66 gezeigten U416T kam 1989 ein U1750L der Baureihe 437 zum Einsatz. Wie beim Vorgängerfahrzeug wurde auch hier das Fahrerhaus halbiert, um für den Transport von langen Bauteilen Platz zu schaffen. Ebenso verfügt das Fahrzeug wieder über einen Ladekran, dieses Mal vom italienischen Hersteller Fassi sowie über eine Vorbauseilwinde. Zusätzlich wurde kürzlich ein U2450L (Baureihe 437) beschafft. Das Fahrerhaus blieb im Lieferzustand, der Bauteiltransport erfolgt nun auf einem Trägergestell, ähnlich wie beim U417 auf Seite 74. Ein Palfinger-Ladekran vom Typ PK 13000 mit Vierfachabstützung und einer maximalen Hubkraft von 12,7 mt sowie eine hydraulisch angetriebene Frontseilwinde vervollständigen das Fahrzeug. (39)

Die Schleswag in Rendsburg gehört zu den großen Energieversorgungsunternehmen in Norddeutschland. Als Servicefahrzeug für den Bau, die Unterhaltung und Reparatur von Überlandleitungen wurden ab Mitte der 1980er Jahre 18 Fahrzeuge des Typs U1300L (Baureihe 435) eingesetzt. Besonders markant ist bei diesen Fahrzeugen das verlängerte Fahrerhaus, das sich stark von der serienmäßigen Doppelkabine unterscheidet. Ein Teil der Fahrzeuge verfügte über eine Werner-F56-M1-HW-Frontseilwinde mit 5,2 Tonnen Zuglast. Das Foto entstanc im Mai 2002 und zeigt ein bereits ausgemustertes Fahrzeug bei einem Unimog-Gebrauchthändler. (31)

Bereits auf Seite 74 war ein Fahrzeug aus dem Fuhrpark des französischen Energieversorgers EDF abgebildet. Dieses Foto zeigt einen U2150L der Baureihe 437, wie er als Bautruppwagen für den Freileitungsbau eingesetzt wird. Der Kofferaufbau mit begehbarem Dach dient zur Unterbringung von Werkzeug und Material. Frontseitig ist eine leistungsstarke Seilwinde mit integrierter Bergstütze angebaut, diese dient zum Stellen der Masten und Aufziehen der Leitungen. Stationiert ist das Fahrzeug im Departement 10 Aube, im Nordwesten Frankreichs. (32)

Auf der winterlichen Ostalb wurde dieses Foto aufgenommen. Es zeigt einen U2150L der Baureihe 437 des Energieversorgers EnBW. Das Fahrzeug vom Baujahr 1996 ist mit einem Ruthmann-Hubsteiger vom Typ T145 ausgerüstet und dient ebenfalls zu Wartungs- und Reparaturarbeiten am Freileitungs-Überlandnetz. Entsprechendes Werkzeug und Ersatzteile werden in einem Gerätekasten mitgeführt. Gut zu erkennen ist die breite Bereifung vom Format 455/70R24, die auch das Befahren wenig tragfähiger Böden ermöglicht. (27)

Bei einem belgischen Bauunternehmen wird dieser U1300L der Baureihe 435 eingesetzt. Das Fahrzeug stammt aus ausgemusterten Bundeswehr-Beständen und ist nun mit einer Vorbaukehrmaschine ausgestattet. Auf der Pritsche wurde ein Wassertank montiert. Besonders auffällig sind die breiten Sandreifen sowie die hohen Peilstangen an der Kehrmaschine. (39)

Dieser U2150L der Baureihe 437 gehört zum umfangreichen Fuhrpark der Kohlengrube Sokolov (Sokolovská Uhelná) in Tschechien. Das 1998 gebaute Fahrzeug dient zum Sprengmitteltransport in den riesigen Tagebaugebieten in Nordböhmen. Den Kofferaufbau fertigte ein tschechischer Hersteller. (59)

Unten: Dass dieser U1300L (Baureihe 435) einmal als Pritschenfahrzeug bei der Bundeswehr im Einsatz war, lässt sich nicht mehr erahnen. Er dient nun nach Ausmusterung und umfangreichem Umbau bei der belgischen Firma Verbeke als Messfahrzeug für Bodenuntersuchungen. Am vorderen linken Aufbau ist die Sondenanlage gut zu erkennen, die Auswertung erfolgt mittels Computern im Aufbau. Das Fahrzeug ist mit einer extra breiten Bereifung ausgestattet. Der dadurch sehr niedrige Bodendruck ermöglicht auch die Sondierung wenig tragfähiger Böden, ohne einzusinken. Da diese Bereifung erhöhten Platz benötigt, wurden die vorderen Kotflügel entfernt. (39)

Derzeit werden in der Taklamakan-Wüste in China über 1400 Unimog unter schwierigsten klimatischen und topografischen Bedingungen bei der Suche und Förderung von Bodenschätzen eingesetzt. Basierend auf den Baureihen 435 und 437 dienen Unimog als Transportfahrzeug für Personal und Material, Laborwagen, Bohrgeräteträger, Service- und Tankfahrzeug, um nur einige Anwendungen zu nennen. Das Foto zeigt einen U1350L der Baureihe 437 mit Werner-Chassis-Hubseilwinde C 50.1 H1HO. Der Seilzug wird nach vorne geführt; zusammen mit dem verstellbaren A-Bock gibt das eine leistungsfähige Krananlage, wobei das Chassis für weitere Aufbauten verfügbar bleibt. (16)

Zur Treibstoffversorgung der eingesetzten Fahrzeuge und Baumaschinen dienen Tankwagen auf U1350L der Baureihe 437. Wie fast alle Unimog, die in der chinesischen Taklamakan-Wüste bei der Suche nach Bodenschätzen im Einsatz sind, verfügt auch dieses Fahrzeug über eine Klimaanlage, um die extremen Außentemperaturen für das Fahrpersonal erträglich zu machen. Bereift ist das Fahrzeug mit Continental-Sand-Service-Reifen E7 Rib der Größe 22-20, deren Profil am Ersatzrad gut zu erkennen ist. Frontseitig verfügt der Unimog über eine Werner-Seilwinde vom Typ F64.1 M1SW. Ein weiteres Detail ist die nach vorne verlegte Auspuffanlage, wie dies bei Tankfahrzeugen üblich ist. (16)

Darüber hinaus arbeiten die dort eingesetzten Unimog auch als Abschlepp- und Bergefahrzeuge. Dieser U1700L der Baureihe 435 verfügt über eine Werner-Rahmenseilwinde vom Typ R50.1 HW mit heckseitig angebauter Bergstütze und Abschleppeinrichtung. Auf der Pritsche sind Zusatztanks für Dieselkraftstoff sowie das Reserverad mit Kraneinrichtung montiert. Daneben bleibt noch Platz für weiteres Material. Die Frontansicht wird durch die Klimaanlage und eine Werner-Frontseilwinde vom Typ F64.1 M1SW dominiert. Auch dieses Fahrzeug ist mit Conti-E7-Grip-Sandreifen ausgestattet, daher auch das Hinweisschild am Fahrerhaus für die maximal zulässige Höchstgeschwindigkeit mit dieser Bereifung. (16)

Quer durch Weißrussland verläuft eine wichtige Erdgaspipeline. Zur Wartung und Reparatur dieses Leitungsnetzes setzt die dortige Betreibergesellschaft in hohem Maße auf den Unimog, wie die Bilder unten und auf der folgenden Seite 118 oben zeigen.
Derzeit werden vier Fahrzeuge des Types U2450L 6x6 der Baureihe 437 als Werkstattwagen eingesetzt. Der Werkstattaufbau wurde von der Firma Hartmann hergestellt. Er gliedert sich in ein vorderes Abteil mit vier Sitzplätzen für die Mannschaft und in den Werkstattbereich. Die technische Ausrüstung umfasst einen Palfinger-Ladekran vom Typ PK 13000 mit einem Hubmoment von 12,7 mt. Als Sonderausstattung verfügt der Kran über eine Kranseilwinde bis 2 Tonnen,

eine Selbstbergungsseilwinde F64.1 H1 HW der Firma Werner mit einer Zugkraft von 6,4 Tonnen sowie ein eingebautes Werner-Stromaggregat mit einer Leistung von 11 kVA/330 A sind ebenfalls vorhanden. Letzteres erzeugt die Energie für den Lichtmast mit den Arbeitsscheinwerfern und für die Schweißgeräte. Für den Transport von Bau- und Ersatzteilen dient ein zweiachsiger Tandemanhänger der Firma Müller-Mitteltal. (31/02)

Unten: Da die Bautrupps entlang der Pipeline oftmals tagelang fernab jeglicher Ansiedlung unterwegs sind, gehört auch ein Betreuungsfahrzeug auf 2150L-Basis (Baureihe 437) zum Fuhrpark. Auch dieser Aufbau stammt von der Firma Hartmann und verfügt über eine Küche und sanitäre Einrichtungen, wie zum Beispiel eine Dusche. Auch ein Vorzelt wird mitgeführt. Für Selbstbergungszwecke wird eine hydraulisch angetriebene Werner-Frontseilwinde eingesetzt. Vier weitere U2150L dienen als Werkstattwagen mit Kofferaufbauten und Palfinger-PK9501-Ladekran. (31)

Dieses Bild entstand nahe Abu Dhabi in den Vereinigten Arabischen Emiraten (VAR). Es zeigt einen vom Wüstensand schon etwas eingestaubten Unimog der Baureihe 435 einer Privatfirma. Das Fahrzeug ist auf der Pritsche mit einem Wassertank ausgerüstet und dient zu Versorgungszwecken. Sehr auffällig sind der große Kraftstofftank sowie die Ballonreifen mit Sandprofil, die einen Durchmesser von 1270 mm haben. Frontseitig ist eine Seilwinde montiert. (24)

Dieses Bild wurde im Buhasa-Ölfeld in den Vereinigten Arabischen Emiraten aufgenommen. Es zeigt einen U1300L der Baureihe 435 einer Transportfirma als Tankfahrzeug. Der auf der Pritsche montierte Tank trägt noch einen Aufkleber des Deutschen Exporteurs Alga. Das mit voluminösen Sandreifen ausgerüstete Fahrzeug wurde von seinem Fahrer noch, mehr oder weniger dezent, mit weißer Farbe verschönert. (24)

Im März 2001 konnte am Grenzübergang bei Bad Reichenhall dieser U2150 der Baureihe 437 fotografiert werden. Das Fahrzeug war bei Kabelverlegearbeiten mit einem Kabelpflug eingesetzt. Der Aufbau stammt von der Firma Föckersberger. Um bei den Zugarbeiten im Flaschenzugbetrieb (Zugleistungen bis 100 Tonnen sind möglich) einen sicheren Stand zu haben, sind diese Fahrzeuge mit einer großformatigen Bergstütze ausgestattet, die auf dem Bild gut erkennbar ist. (31)

Unten: Bei der bayerischen Firma Draka Spezialtiefbau ist dieser U2450 (Baureihe 437) im Einsatz. Mit ihm werden Polyäthylenrohre in einem Arbeitsgang verlegt. Hierzu wird die Erde mit einem lasergesteuerten Grabenradbagger ausgehoben, der auf dem Unimog montiert ist. Das Rohr wird parallel dazu über eine Rollenführung am Fahrerhaus und einen speziellen Verlegeschacht in die Erdspalte gelegt. Das Verfüllen und Verdichten danach übernimmt ein weiterer Unimog, so sind dem Bautrupp Streckenleistungen bis zu 200 Meter in der Stunde möglich. Frontseitig verfügt das Fahrzeug über eine leistungsstarke Seilwinde mit einer zusätzlichen Seilführung über einen A-Bock.
Um einen möglichst geringen Bodendruck zu erreichen, ist der Unimog mit einer breiten Bereifung ausgestattet, die an der Hinterachse als Zwillingsbereifung ausgeführt ist. (42)

Manchmal – wenn auch selten – reicht die Tiefwatfähigkeit des Unimog für einen speziellen Arbeitseinsatz nicht aus. Mittels zweier großer Auftriebskörper, die relativ schnell seitlich am Fahrzeug angebracht werden können, wurde diesem U1650 der Baureihe 437 das Schwimmen beigebracht. Eingesetzt wird das Fahrzeug von einem Privatunternehmen auf französischen Seen und Flüssen, um unerwünschten Bewuchs wie Seetang zu entfernen. Am Ausleger des Epsilon-E8.74-Ladekrans befindet sich ein hydraulisch angetriebener Messerbalken. Natürlich ist der Unimog nach kurzer Rüstzeit wieder als Straßenfahrzeug einsetzbar. Eventuelle Sorge um nicht funktionierende Teile wegen des Wassereinsatzes sind unnötig – eben typisch Unimog! (15)

Bei einer im Berchtesgadener Land in Bayern stationierten Einheit des Bundesgrenzschutzes wird dieser U1300L der Baureihe 435 eingesetzt. Er dient zum Transport von Material und Personen, besonders während der Lehrgänge mit Winterausbildung im Watzmann-Gebiet. Daher verfügt das Fahrzeug am Heck auch über Skihalterungen. (66)

Dieser U2150L der Baureihe 437 ist bei der Kantonspolizei Zürich, Abteilung Seepolizei, eingesetzt. Das 1989 gebaute Fahrzeug dient hier als Einsatzfahrzeug bei Bergungen und Tauchaktionen aller Art. Daneben wird es als Zugfahrzeug für diverse Anhänger zum Beispiel beim Bootstransport verwendet. Neben einer umfangreichen technischen Beladung ist der Unimog mit einer Vorbauseilwinde ausgerüstet. Diese verfügt über 190 Meter Seillänge und erreicht eine Zugleistung von 8 Tonnen. (31)

Unimog-Fahrgestelle dienen oft auch als Basis für geschützte Sonderfahrzeuge. Absolute Zuverlässigkeit, einfache Wartung und Reparatur im weltweiten DaimlerChrysler-Werkstattnetz sowie Robustheit und Langlebigkeit eines Unimog sind dafür neben der Geländegängigkeit die Hauptgründe. Die belgische Polizei erhielt kürzlich zehn neue Fahrzeuge des Typs Shorland S600, der auf einem U2150L der Baureihe 437 basiert. Bei einem Gesamtgewicht von 12 500 kg beträgt die Nutzlast 3550 kg. Die Besatzung besteht aus neun Mann. (31)

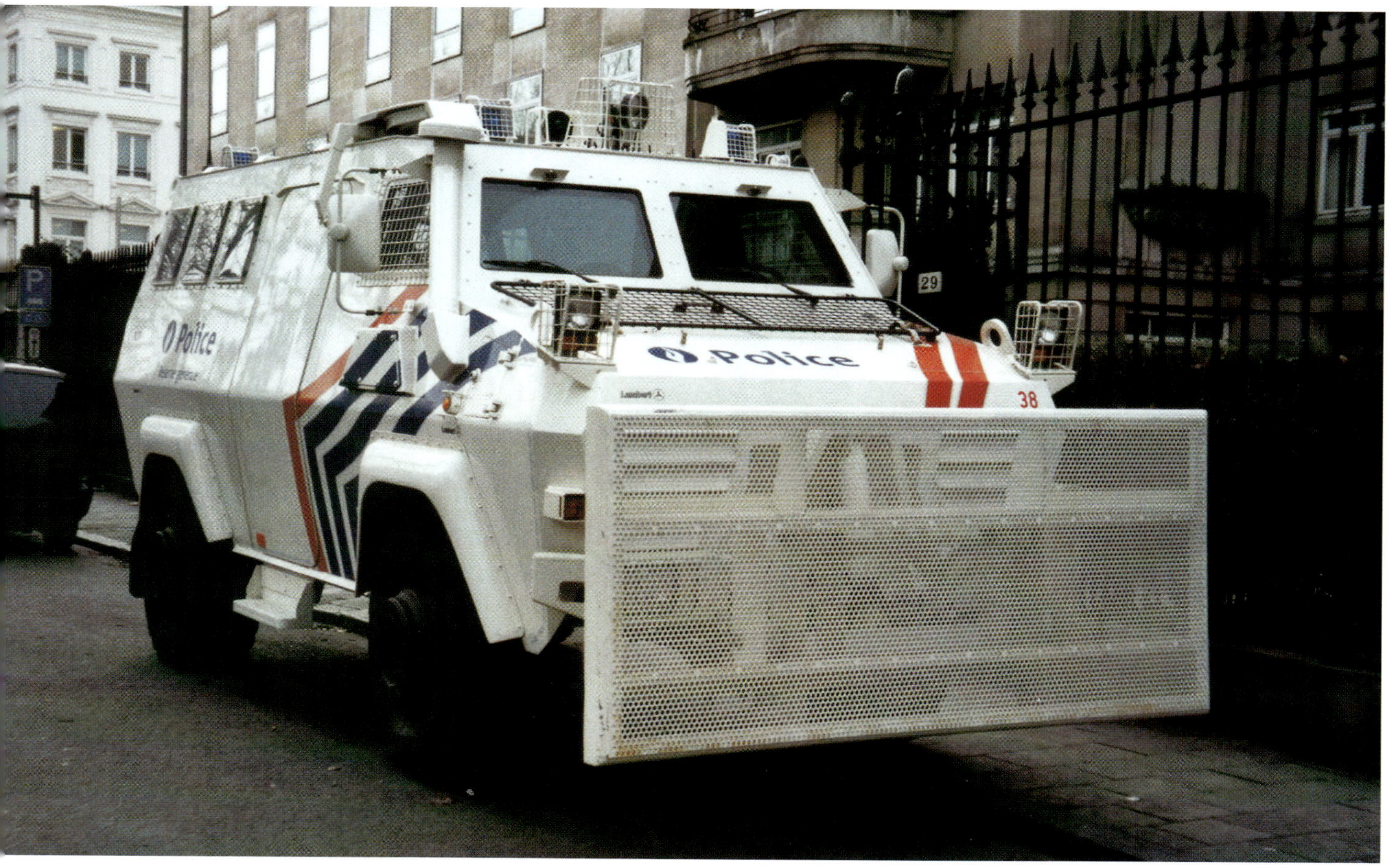

Inzwischen verfügen viele THW-Ortsverbände ebenfalls über den Unimog. Größtenteils handelt es sich hierbei um Fahrzeuge des Typs U1300L (Baureihe 435) mit Pritsche/Plane, die von der Bundeswehr ausgemustert wurden. Daneben existieren noch weitere interessante Fahrzeuge. Zum Fuhrpark des Ortsverbandes in Worms gehört dieser U1500 der Baureihe 425. Das Fahrzeug ist mit Frontlader, Seilwinde sowie Hiab-Ladekran ausgerüstet. Neben anderen Aufgaben dient es als Zugfahrzeug für ein 175-kVA-Notstromaggregat auf einem Anhänger-Fahrgestell. (31)

Für Einsätze des THW im Ausland ist dieser U1350L (Baureihe 437), Bauj. 92, gedacht. Das Fahrzeug gehörte früher den Johannitern in Donauwörth. Der Kofferaufbau gliedert sich in ein Abteil für den Mannschaftstransport und in die Geräteräume für die Beladung. Zusätzlich ist eine Werner-Frontseilwinde angebracht. Je nach Anforderungsprofil sind verschiedene Einsätze möglich: Als Werkstattwagen oder zur Brunnenreinigung. Gut erkennbar die seitlich eingeklappten Trittflächen, die den Zugang zum Mannschaftsabteil und zu den Geräteräumen erleichtern. (63)

Traditionell gehören Feuerwehren und Rettungsdienste auf der ganzen Welt zum Unimog-Käuferkreis. Nachfolgend einige Bilder aus diesem Einsatzgebiet. Zu den treuesten Unimog-Kunden gehört die Rheinbraun AG. Schon seit den 1950er Jahren wurden viele hundert Fahrzeuge der verschiedensten Baureihen beschafft. Diese sind überwiegend als Bautruppfahrzeug, Werkstattwagen, mit Kran-, Bohrgerät- oder Seilwindenaufbauten, als Abschmierfahrzeug sowie als Tankwagen in den weiträumigen Braunkohle-Tagebauen rund um Köln im Einsatz. Aber auch bei den Feuerwachen der Werkfeuerwehr Rheinbraun, die für den Rettungsdienst und Brandschutz in den Tagebauen zuständig ist, kann man den Unimog finden. Das obere Bild zeigt einen U2450L der Baureihe 437. Das 1993 gebaute Tanklöschfahrzeug vom Typ TLF 8/20-2 hat einen Aufbau der Firma Schlingmann und ist im Tagebau Hambach eingesetzt. Im gleichen Tagebau entstand das untere Bild, ein Gruppenfoto verschiedener Tanklöschfahrzeuge auf Basis der Baureihe 437. Gut zu erkennen ist die grobstollige Bereifung, die sich im größtenteils unbefestigten Tagebaugelände bewährt hat. Im Hintergrund noch zu erkennen ist der Rheinbraun 290, eines der Großgeräte, die das Bild vom Tagebau prägen. (56)

Allein im Zeitraum von 1968 bis 1996 beschaffte die Rheinbraun AG über 600 Unimog. Das 600. Fahrzeug war ein U1550L der Baureihe 437 mit Miesen-Aufbau, der als Rettungs- und Sanitätsfahrzeug ebenfalls im Tagebau Hambach im Einsatz ist. (67)

Bereits im Vorgängerbuch „Unimog im Einsatz“ war auf Seite 36 ein Fahrzeug der isländischen Rettungsgesellschaft „Slysavarnafelag Islands“ zu sehen. Mittlerweile wurde der damals eingesetzte Unimog S der Baureihe 404.1 durch den abgebildeten Unimog der Baureihe 435, ebenfalls mit einem omnibusartigen Aufbau für den Mannschaftstransport, ersetzt. Das 1998 aufgenommene Foto zeigt das Fahrzeug auf der Halbinsel Snaefellnaes in der Gemeinde Hellisandi. Das Fahrzeug ist in einem noblen Blaumetallic lackiert und verfügt über eine Frontseilwinde. Auffällig der Dachspoiler und die große Anzahl an Scheinwerfern. (27)

Mit mehr als 1000 Fahrzeugen aus verschiedenen Baureihen gehört Frankreich zu den stückzahlmäßig größten Anwendern von Unimog bei der Bekämpfung von Waldbränden. Dieser U1300L mit langem (3700 mm) Radstand (Baureihe 435) ist auf der Wache Port Marchand/Toulon im französischen Departement 83 Var an der Mittelmeerküste stationiert. Das 1988 von Sairep aufgebaute Fahrzeug verfügt über einen 2000 Liter fassenden Löschwassertank, die Pumpenleistung beträgt 1000 l/min. Mit der Ablösung älterer Fahrzeuge durch neue Unimog kommen auch immer mehr die verlängerten Fahrerhäuser der Firma St. Aubert zum Einsatz, die die früher oft verwendeten offenen Sitzplätze für Teile der Mannschaft am Aufbau ersetzen. (55)

Bereits auf Seite 53 haben wir ein gelb lackiertes Waldbrandlöschfahrzeug der französischen Forstbehörden gesehen. Diese landesweit vorhandenen Fahrzeuge auf der Basis des U900 (Baureihe 406) werden nun durch U1550L der Baureihe 437 ersetzt. Wie an den nach unten versetzten Blinkern und dem hohen Kühlergrill gut erkennbar ist, verfügen die Fahrzeuge über den OM-366-LA-Motor mit 240 PS Leistung. Die Firma Sides in Saint-Nazaire fertigt den Aufbau, der als CCFM (mittelschweres Waldbrandlöschfahrzeug) klassifiziert ist. An Löschmittel werden 2300 Liter Wasser mitgeführt. Neben dem Fahrerhaus sind auch sämtliche Leuchten durch Gitter geschützt, um Beschädigungen durch Äste und Ähnliches zu vermeiden. (08)

Als Ersatz für ältere Waldbrandlöschfahrzeuge auf Basis der Baureihen 404.1 und 416 beschafft das belgische Innenministerium in letzter Zeit verstärkt Fahrzeuge der Baureihe 437. Das Foto zeigt einen U2150L vom Baujahr 1998 bei der Feuerwehr Namur. Den Aufbau fertigte Rosenbauer, gut erkennbar der Sprühbalken unter der vorderen Stoßstange. Er dient dem Eigenschutz und der Bekämpfung bodennaher Brandnester. Hinter dem Fahrerhaus befinden sich zwei Klappsitze. Lampen und Blaulichter sind durch Schutzgitter vor Beschädigungen durch Äste und Zweige geschützt. (31)

Unten: Die neueste Beschaffung des belgischen Innenministeriums umfasst acht Fahrzeuge des Typs U2450L der Baureihe 437 mit Aufbau von Vanassche. Die 14 Tonnen schweren Fahrzeuge verfügen über 4000 Liter Löschwasser und sind mit einer kombinierten Ziegler-FP8/8-2H/FPN-15-Pumpe ausgerüstet, die die Abgabe von 1850 l/min bei 8 bar und 1000 l/min bei 15 bar erlaubt. Zusätzlich ist eine Werner-Seilwinde vom Typ Spulmat L50SH1 HW mit fünf Tonnen Zugkraft und Seilzug nach vorne und hinten eingebaut. Stationiert sind die Fahrzeuge u. a. in den Städten Aarschot, Dinant, Leuven, Rochefort und Verviers. Das Foto zeigt das Rochеforter Fahrzeug, mit einem aufwändigen Wappen an den Tankseitenwänden. Deutlich zu erkennen ist der frontseitige Sprühbalken sowie der Rohrrahmen des Fahrerhausschutzes mit integriertem und umklappbarem Schutzgitter für die Windschutzscheibe. (31)

Dieser U2450L (Baureihe 437) steht bei der Städtischen Berufsfeuerwehr in Luxemburg als Tanklöschfahrzeug TLF 3000 im Dienst. Das 240 PS starke Fahrzeug wurde 1996 von der Firma Vanassche in Belgien aufgebaut. Als Feuerlöschpumpe kam eine FP 48/8-2H von Ziegler zum Einbau, die wahlweise im Hoch- und Niederdruckbereich betrieben werden kann. An Löschmitteln werden 2800 Liter Wasser und 200 Liter Schaummittel mitgeführt. Zusätzlich verfügt das Fahrzeug noch über eine eingebaute Seilwinde mit 5 Tonnen Zugkraft sowie Anbauplatte und Hydraulikanschlüsse für Arbeitsgeräte. (20)

Seit den 1950er Jahren verwenden Forstbehörden in den USA Unimog bei der Waldbrandbekämpfung. Im kalifornischen Stanislaus National Forest, zu dem auch der weltbekannte Yosemite-Nationalpark gehört, ist dieser U2150L der Baureihe 437 seit 1991 im Einsatz. Den Aufbau fertigte die Firma Beck. Es werden 500 Gallonen Wasser (circa 2000 Liter) mitgeführt, die mittels eines Monitors und zweier Schnellangriffseinrichtungen abgegeben werden können. Neben der Brandbekämpfung dient der Unimog auch zur Versorgung der vier Feuerwachtürme mit Verbrauchsgütern, der Pflege und dem Freihalten des Wegenetzes. Das Foto zeigt das Fahrzeug beim Schneeräumen mit einem angebauten Keilpflug. (02)

Fast alle Anrainerstaaten des Mittelmeeres setzten auf den Unimog, wenn es um die Brandbekämpfung – speziell in Waldgebieten – geht. Nahezu alle Baureihen mit den verschiedensten Aufbauten sind in diesem Anwendungsbereich zu finden. Das Foto wurde im Oktober 2000 auf Mallorca aufgenommen. Es zeigt einen U1550L der Baureihe 437. Statt der üblichen Rollladenverschlüsse für die Geräteräume wurde der Aufbau mit normalen Drehtüren ausgestattet. Vorbauseilwinde sowie Schutzbügel für Fahrerhaus und Motor sind dagegen obligatorisch. (35)

Ein U1300L (Baureihe 435) ist das Basisfahrzeug für dieses Waldbrandlöschfahrzeug in Cacilhas in Portugal. Das 1987 von der Firma Inasi aufgebaute Fahrzeug führt 2000 Liter Wasser mit. Eine Darley-JMP-Nieder/Hochdruckpumpe erlaubt die Abgabe von 1400 l/min bei 10 bar Druck, oder 225 l/min bei 56 bar. Auf dem Tankdach ist ein Werfer montiert, eine kleine Seilwinde an der vorderen Stoßstange gehört ebenfalls zur Ausrüstung. Gut erkennbar auch der Sprühbalken unter der Stoßstange zum Eigenschutz und zur Bekämpfung kleinerer Brandnester am Boden. Hinter dem Fahrerhaus befindet sich eine offene, durchgehende Sitzbank für vier Mann der Besatzung. (55)

Die Feuerwehr im schwedischen Örebro verfügt über dieses Wechselladefahrzeug (WLF) auf Basis eines U1550L der Baureihe 437. Das Fahrzeug verfügt an Front und Heck jeweils über eine Seilwinde. Zum Zeitpunkt der Aufnahme war ein Tankaufbau mit Tragkraftspritze und wasserführenden Armaturen aufgesattelt. Daneben wird noch ein Kofferaufbau vorgehalten. Er enthält Material zur Hilfe bei Verkehrsunfällen und einen zerlegbaren A-Bock. Dieser ergibt zusammen mit der vorderen Seilwinde einen Kran und wird unter anderem bei der Tierrettung eingesetzt. (61)

Die Feuerwehr im schwedischen Höganäs nahe Helsingborg verfügt über dieses Tanklöschfahrzeug auf Basis eines U2150L der Baureihe 437. Eine Vorbauseilwinde sowie die umfangreiche technische Beladung ermöglichen den Einsatz bei Verkehrsunfällen und technischen Hilfeleistungen. Ansonsten wird das Fahrzeug bei Waldbränden und im weitläufigen Strandgebiet eingesetzt. Besonderer Wert wurde auf eine gute Umfeldbeleuchtung gelegt, daher ist das Fahrzeug mit diversen Scheinwerfern ausgerüstet. (61)

Im Jahr 1997 lieferte der Feuerwehrgerätehersteller Ziegler in Giengen acht Unimog Feuerwehrfahrzeuge nach Marokko. Der Auftrag gliederte sich in sechs Tanklöschfahrzeuge TLF 28/45-20 und zwei Schlauchwagen SW 2000. Das Foto zeigt sieben der Fahrzeuge kurz vor der Auslieferung. Der im Vordergrund stehende SW ist weitgehend baugleich mit den Fahrzeugen vom Typ SW 2000-Tr, die das Bundesamt für Zivilschutz für deutsche Feuerwehren beschaffte. Basisfahrzeug ist ein U1550L der Baureihe 437 mit Radstand 4500 mm. Wesentliche Teile der Beladung sind: 2000 Meter B-Druckschlauch, ein Löschwasserbehälter mit 5000 Liter Inhalt, eine Tragkraftspritze TS 8/8 sowie Schlauchbrücken. (09)

Neben den Bundeswehr-Standardfahrzeugen gibt es auch immer wieder Truppenumbauten auf Basis des Unimog. So verfügt die Fliegerhorstfeuerwehr des AG 51 in Jagel/Schleswig-Holstein über einen besonderen Rettungswagen. Auf Basis eines Pritschenfahrzeuges U1300L der Baureihe 435 entstand dieses Pilotenrettungsfahrzeug im Eigenbau. Breite Aufgänge und eine groß dimensionierte Arbeitsplattform erleichtern im Einsatzfall den Zugang zur Pilotenkanzel. Die Beladung besteht aus Kleinlöschgeräten, Rettungswerkzeug und vier je 30 kg fassenden CO_2-Flaschen zur Brandbekämpfung. (68)

Unter den mehr als 20 000 Fahrzeugen des U1300L (Baureihe 435), die von der Bundeswehr beschafft wurden, befinden sich auch 112 Feuerwehrfahrzeuge des Typs FlKFz 1000. Diese werden hauptsächlich auf Flugplätzen eingesetzt. An Löschmitteln fasst das Fahrzeug 1000 Liter Wasser und 100 Liter Schaummittel. Nachdem aus Umweltschutzgründen die 50-kg-Halon-Anlage ausgebaut wurde, wird nun stattdessen 100 kg Löschpulver oder eine zusätzliche technische Beladung wie Spreizer etc. mitgeführt. Das abgebildete Fahrzeug ist bei der Wehrtechnischen Dienststelle WTD 63 in Manching eingesetzt, wo auch der neue Eurofighter erprobt wird. Da dieses Flugzeug höher ist als die bisherigen Muster, konnte die Standard-Pilotenrettungsbühne nicht mehr verwendet werden. Daher wurde eine Bühne der Firma Roland in Bremen angebaut, die eine Hubhöhe von 2,99 Metern erreicht. (48)

Die griechische Luftwaffe erhält für den Brandschutz auf verschiedenen Stützpunkten 22 Flugfeldlöschfahrzeuge des Typs FLF 28/12-2 + 250. Als Basisfahrgestell dient ein U1550L, Baureihe 437, mit 240 PS. Der feuerwehrtechnische Aufbau stammt von Ziegler. Die eingebaute Kreiselpumpe vom Typ FP 28/8-1 HL erbringt eine Maximalleistung von 3000 Litern in der Minute. An Löschmitteln werden 1200 Liter Wasser, 200 Liter Schaummittel sowie 250 kg Pulver mitgeführt. Auf dem Fahrerhausdach steht ein Dachwerfer ZW 16 zur Verfügung, der vom Innenraum gesteuert wird. Hiermit können Wurfweiten von 55 m (bei Wasser) und 50 Meter (bei Schaum) erreicht werden. Parallel hierzu kann die Ausbringung auch über eine Schnellangriffseinrichtung wie bei der Pulveranlage erfolgen. Ergänzt wird die Beladung noch durch diverses Werkzeug, mehrere Pressluftatmer und eine Flugzeugleiter. (09)

Dieser U1550L der Baureihe 437 mit Doppelkabine verfügt über den 240-PS-Motor, wie an den nach unten versetzten Blinkern und dem höheren Kühlergrill leicht erkennbar ist. Das Fahrzeug gehört zur dänischen Armee, die schon seit vielen Jahren ein treuer Unimog-Kunde ist. Ein interessantes Detail sind die Abschleppösen ober- und unterhalb der Frontstoßstange. (02)

Aufgrund der langen Ladefläche und seiner Nutzlast eignet sich der U2450L 6x6 (Baureihe 437) auch gut als Nachschub- und Transportfahrzeug für nichtzivile Anwendungen.
Das im Juni 2002 auf der Messe Eurosatory in Paris aufgenommene Foto zeigt ein solches Fahrzeug der Firma GIAT Industries in Frankreich. Es verfügt über einen heckseitig montierten Ladekran zum raschen Umschlag des Ladegutes und ein geschütztes Fahrerhaus. (31)

Nach dem australischen Wildhund Dingo ist das neue Allschutz-Transport-Fahrzeug (ATF) der Bundeswehr benannt. Als Basisfahrzeug dienen Unimog-Fahrgestelle der schweren Baureihe 437, die dem Fahrzeug durch die überragende Geländegängigkeit ein hohes Maß an Mobilität ermöglichen. Weitere Vorteile der serienmäßigen Fahrgestelle sind die Wirtschaftlichkeit, das dichte Werkstättennetz weltweit und die einfache Wartung und Reparatur. Der Aufbau stammt von Krauss-Maffei-Wegmann in München. Bei der Konstruktion wurde besonderer Wert auf den Insassenschutz gelegt, insbesondere bei Minenexplosionen. Das Fahrzeug ist in den eingeführten Transportflugzeugen luftverladbar. Je nach Einsatzzweck stehen verschiedene Aufbauvarianten zur Verfügung. Mittlerweile wurden die ersten Fahrzeuge bei UN-Missionen im ehemaligen Jugoslawien (KFOR) sowie in Afghanistan (ISAF) eingesetzt, wo sie sich bestens bewährt haben. (52)

Nein, dieser „Goggomog“ wurde nicht von der Firma Hans Glas in Dingolfing gebaut. Er dient seinem Besitzer, der fabrikneue Ersatzteile für Goggomobile und andere Kleinfahrzeuge liefert, als Reisefahrzeug für Extrem-Urlaube abseits befestigter Wege und gelegentlich als Transportmittel für Goggomobil-Ersatzteile im Alltagsgeschäft. Der U1550L der Baureihe 437 ist Baujahr 2001 und verfügt über den leistungsstärkeren 240-PS-Motor. Entsprechend seinem Haupteinsatzzweck ist das Fahrzeug mit einer integrierten Klimaanlage, Reifendruckregelanlage, Hydraulikanlage, Zusatztanks sowie einem Satelliten-Navigationssystem ausgestattet. Für den Vortrieb sorgt ein Split-Getriebe mit Nachschalt- und Arbeitsgruppe. (31)

Ein wunderschönes Wohnmobil zeigt dieses Foto, das während des Unimog-Treffens in Gaggenau im Juni 2001 aufgenommen wurde. Das Basisfahrzeug ist ein U1550L (Baureihe 437) mit Hochdachfahrerhaus und Klimaanlage. Darauf wurde dann der Koffer gesetzt, der bis auf die Stirnseiten komplett mit Teakholz beplankt ist. (31)

Eine immer beliebter werdende Sportart ist das Truck-Trial, bei dem es gilt, schwierige Geländepassagen und Hindernisse ohne Strafpunkte zu meistern. Die Wertung erfolgt in mehreren Klassen, die Wettbewerbe finden europaweit statt. Das Foto entstand im August 2000 in Osnabrück-Piersberg. Es zeigt einen U1300L der Baureihe 435 wie er in der Serienklasse S2 (Spurweite ab 1751 mm, Radstand 2800 bis 3799 mm) startet. Dass es sich um ein ehemaliges Bundeswehrfahrzeug handelt, ist kaum mehr zu erkennen. Tank und Batteriekasten wanderten auf die Pritsche. Schutz- und Überrollbügel erhöhen die Sicherheit für Aggregate und die Besatzung. Für diese Art des Motorsports eignet sich der Unimog natürlich besonders, kein Wunder daher, dass er in den leichteren Klassen dominiert und oftmals auch Basis für Umbauten in der Prototypenklasse ist. (28)

Unimog U1300L (Baureihe 435) erfreuen sich nach der Ausmusterung durch die Bundeswehr weltweit großer Beliebtheit, so auch in Kenia, wo im November 2001 dieses Foto entstand. In einem Naturpark dient der Unimog als Transportmittel für die Touristen bei Fotosafaris. Hierfür wurden auf der Pritsche bequeme Sitze montiert. Frontschutzbügel und eine Lackierung im Zebra-Look vervollständigen die Anpassung an das neue Einsatzgebiet. (35)

Im australischen Bundesland Queensland liegt der Cape Tribulation National Park, den jährlich viele tausend Touristen besuchen. Dieses Regenwaldgebiet ist nur schwer befahrbar aufgrund unbefestigter Straßen, vieler Steigungen und häufiger Überschwemmungen. Zum Touristentransport werden mehrere Unimog der Baureihe 437 eingesetzt. Mit 10 Sitzplätzen, einer Klimaanlage und genug Stauraum für das Gepäck versehen, ermöglichen die Fahrzeuge einen komfortablen und sicheren Transport. Auffällig der groß dimensionierte Frontschutzbügel mit integrierter Reserveradhalterung. (02)

Gletschertouren sind bei den Touristen auf Island sehr beliebt. Das Busunternehmen Vestfjardaleid in Reykjavik setzt hierzu unter anderem diesen U1300L der Baureihe 437 ein. Das 1995 gebaute Fahrgestell wurde in Island bei einer Karosseriefirma mit einem formschönen Omnibusaufbau versehen. Im August 1998 entstand das Foto und zeigt das Fahrzeug auf dem Betriebshof. Auffällig die Zusatzblinker in der Stoßstange und die zusätzlichen Scheinwerfer im Kühlergrill. (27)

Unten: Über 300 000 Touristen besuchen jedes Jahr Europas höchsten aktiven Vulkan – den Ätna auf Sizilien. Zwischen der Seilbahnstation und dem Torre del Filosofo auf knapp 3000 Meter Höhe, erfolgt der Personentransport auf den unbefestigten Straßen mit Omnibussen auf Unimog-Fahrgestellen. Insgesamt werden hierfür von der Firma Star & Sitas 15 Unimog der Typen U1550L und U2450L (Baureihe 437) eingesetzt. Die Busaufbauten stammen aus italienischer Fertigung und verfügen über 22 bis 29 Sitzplätze, je nach Ausführung. Da der Ätna auch Siziliens einziges Winterskigebiet ist, sind einige Fahrzeuge auch mit Anbauplatten für Schneepflüge ausgestattet und werden für den Winterdienst eingesetzt. Das Foto zeigt ein Fahrzeug beim Befahren der noch verschneiten Piste. (02)

Eines der ersten Fahrzeuge des U2450L 6x6 (Baureihe 437) wurde zu Erprobungszwecken an einen ostdeutschen Tagebaubetrieb geliefert. Das Fahrzeug wurde mit einem Aufbau zur Personenbeförderung mit 22 Sitzplätzen versehen und dient als Zubringerbus zu den wechselnden Betriebsstellen innerhalb des Tagebaugeländes. Ein nettes Detail ist der Bergmannswunsch „Glückauf" in einem Zielschildfenster oberhalb des Einstieges. (02)

Unten: Die Firma Paul in Passau ist Spezialist für außergewöhnliche Fahrzeugumbauten. Je nach Kundenwunsch entstehen hier Spezialfahrzeuge, die so vom Großserienhersteller nicht lieferbar sind, darunter auch Varianten des Unimog. Der abgebildete U2100T-Triebkopf (Baureihe 437) ist mit Hinterwagen und einer nicht angetriebenen Tandemhinterachse ausgerüstet worden. Er dient als Umsetzfahrzeug für Wechselbrücken und Auflieger. Ein hydraulisch liftbarer Hubrahmen mit einer Hubkraft von 22 Tonnen erlaubt das Aufnehmen von verschiedenen Behältern in den Längen von 6150 bis 7820 mm, bei Abstellhöhen von 1120 bis 1320 mm. Die Verriegelung der Behälter erfolgt hydraulisch. Zusätzlich verfügt das Fahrzeug über eine hydraulisch anhebbare Sattelkupplung, die maximale Sattellast beträgt 12 Tonnen. Beim Einsatz auf öffentlichen Straßen beträgt das zulässige Gesamtgewicht 25 Tonnen, innerbetrieblich 30 Tonnen. (13)

Die neue Baureihe 437.4

Die neue hochgeländegängige Baureihe 437.4 wurde am 10. 9. 2002 offiziell auf der Internationalen Automobilausstellung für Nutzfahrzeuge in Hannover vorgestellt. Sie löst die Fahrzeuge der Baureihe 437.1 ab, die über 14 Jahre in der Produktion waren. Mit dieser neuen Baureihe gliedert sich das Unimog-Programm in die Sparte der Geräteträger mit der Baureihe 405 und den Typen U300, U400 und U500 sowie den hochgeländegängigen Fahrzeugen der Baureihe 437.4. Die neue Baureihe umfasst die Typen U3000, U4000 und U5000. Diese werden jeweils in den Radständen von 3250 mm und 3850 mm angeboten. Je nach Baumuster beträgt die Leistung 150 bis 218 PS (entspricht 110 bis 160 kW). Produziert werden die Fahrzeuge im Lkw-Werk in Wörth, das seit dem 26. 8. 2002 die Heimat des Unimog geworden ist. Die Haupteinsatzgebiete sind Einsätze im Gelände abseits aller Straßen und Wege, im Feuerwehrbereich – hier insbesondere die Waldbrandbekämpfung – die Energie- und Bauwirtschaft sowie nicht zivile Anwendungen. Aber auch als Basis für exklusive Reisemobile ist die neue Baureihe bestens geeignet. Sie verfügt ebenfalls über die bekannten Unimog-Tugenden wie Robustheit, Langlebigkeit, absolute Zuverlässigkeit, ist wartungsfreundlich und wirtschaftlich. Die Fahrzeuge entsprechen dem neuesten Stand der Technik. Die bewährten Motoren der Baureihe 900 in Euro-3-Version liefern die Kraft. Das neue Getriebe mit EPS-Telligent-Schaltung bietet in der Grundversion bereits 8 Vorwärts- und 6 Rückwärtsgänge. Auf Wunsch ist der zusätzliche Einbau einer Geländegruppe möglich. Sowohl am Fahrgestell wie am Kraftstrang wurde die vieltausendfach bewährte Konstruktion der bisherigen schweren Baureihe übernommen. Ein flexibler Leiterrahmen erlaubt hohe Verwindungen. Portalachsen mit Differenzialsperren, Schubrohre, Radvorgelege, Schraubenfedern, Teleskopstoßdämpfern, Querlenkern, Stabilisatoren an beiden Achsen, und nicht zuletzt Scheibenbremsen mit ABS-Regelung an allen Rädern ermöglichen dem Unimog das sichere Befahren von Strecken, bei denen für ein normales Radfahrzeug schon lange kein Durchkommen mehr wäre. Ebenfalls auf Wunsch können die Fahrzeuge mit einer Hydraulikanlage zum Antrieb verschiedener Anbaugeräte ausgestattet werden. Die gleichfalls überarbeitete Kabine wurde mit einer komplett neuen Innenausstattung versehen. Diese bietet ein hohes Maß an Komfort, Sicherheit und Bedienerfreundlichkeit. Neben dem Standardfahrerhaus ist als Sonderausstattung auch eine Doppelkabine lieferbar.
Auch nach nunmehr 55 Jahren ist die Grundidee des Unimog noch immer aktuell!

Ihre inoffizielle Weltpremiere erhielt die neue Typenreihe 437.4 mit den Typen U3000/U4000/U5000 auf dem im Herbst 2001 abgehaltenen Feuerwehrkongress in Südfrankreich. Gerade für den Waldbrandeinsatz, der extreme Anforderungen an das Fahrzeug stellt, eignet sich der Unimog besonders, nicht umsonst sind allein in Frankreich derzeit über 1000 Fahrzeuge in der Nutzung. (32)

Oben: Bei der Erprobung neuer Baureihen bekommen die Fahrzeuge nichts geschenkt. Ihre Leistungen müssen auch unter schwierigsten klimatischen und topografischen Verhältnissen jederzeit verfügbar sein, auch das begründet den Mythos Unimog. Das Foto zeigt einen U3000 der Baureihe 437.4 beim Durchfahren eines Wasserloches mit hoher Geschwindigkeit. (02)

Rechte Seite oben: Die neue Baureihe 437.4 eignet sich aufgrund ihrer Robustheit und der überragenden Geländegängigkeit auch besonders für Anwendungen im nicht zivilen Bereich. Das Foto zeigt einen U4000 während einer Vorführung im Erprobungsgelände der Kiesgrube in Ötigheim. (02)

Rechte Seite unten: Ein stimmungsvolles Bild, das deutlich das Leistungsvermögen der Baureihe 437.4 zeigt. (02)

Links: Technisch eine komplette Neuentwicklung, präsentiert sich die Baureihe 437.4 äußerlich fast unverändert. Der optische Hauptunterschied zur Vorläuferbaureihe 437.1 ist der Kühlergrill. Das Design mit den breiten Rippen und dem großen Markenzeichen ist bereits auch an anderen neuen Nutzfahrzeugen aus dem DaimlerChrysler-Konzern zu finden, so am neuen Actros, der ebenfalls zur IAA vorgestellt wurde. (02)

Die offizielle Vorstellung der neuen Baureihe 437.4 erfolgte im Rahmen der IAA für Nutzfahrzeuge ab dem 10. 9. 2002 in Hannover. Zwei Exponate waren zu sehen. Das Foto zeigt einen U4000, der mit einem Aufbau der Firma Rosenbauer Espanola versehen wurde. Das Fahrzeug wird bei der Waldbrandbekämpfung eingesetzt. Eine Rosenbauer-Kreiselpumpe vom Typ HN 20 erlaubt die Abgabe von 1750 l/min bei 10 bar oder 250 l/min bei 40 bar. Die Umfeldbeleuchtung ist in den formschönen Aufbau integriert. Zusätzlich verfügt das Fahrzeug über eine hydraulisch angetriebene Werner-Frontseilwinde vom Typ F64.1 H1SE mit sechs Tonnen Zugkraft. (68)

Unten: Ebenfalls auf der IAA ausgestellt war das Flaggschiff der Baureihe 437.4, der U5000. Das silbermetallic lackierte Ausstellungsstück war mit einer Pritsche der Firma Empl in Kaltenbach in Österreich ausgestattet. Ein Highlight war die Präsentation auf zwei versetzten Plattformen, das die Verschränkungsfähigkeit der neuen Unimog-Baureihe eindrucksvoll aufzeigte. (68)

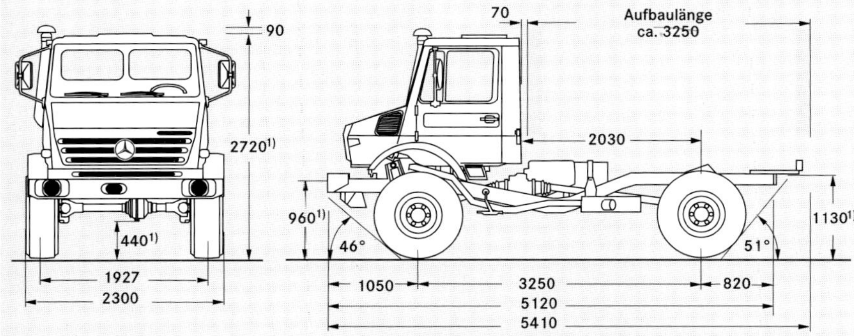

[1)] mit Bereifung 12,5R20 bzw. 335/80R20; Fahrzeug unbeladen

U3000 - 4000 kurz

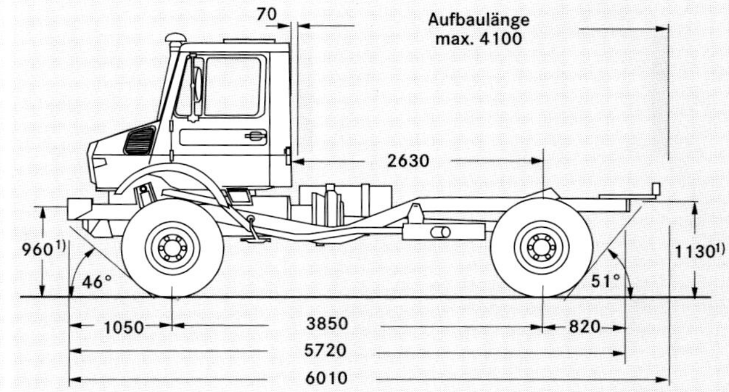

U3000 - 4000 lang

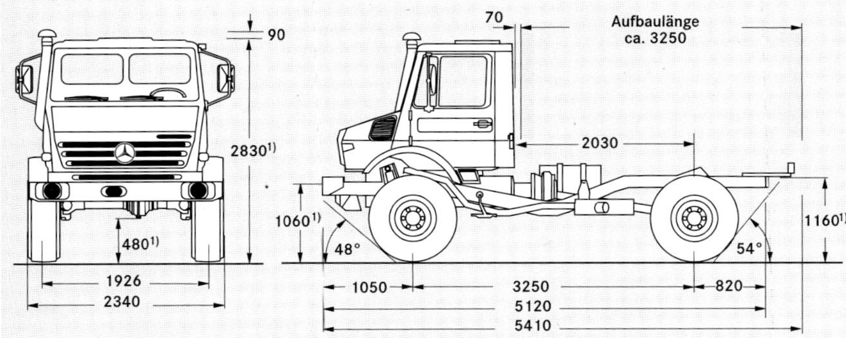

[1)] mit Bereifung 14,5R20 bzw. 365/80R20; Fahrzeug unbeladen

U5000 kurz

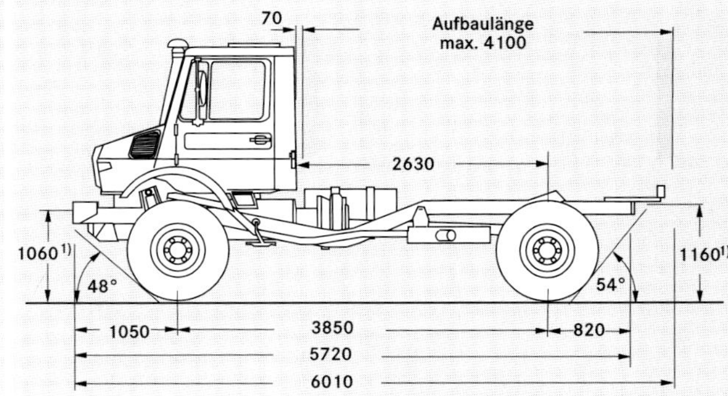

U5000 lang

Technische Daten – Unimog							
Verkaufsbezeichnung	**U3000**	**U3000**	**U4000**	**U4000**	**U5000**	**U5000**	
Gültig für BM:	**437.420**	**437.425**	**437.420 (+M03)**	**437.425 (+M03)**	**437.430**	**437.435**	
Motortyp:	OM 904 LA	OM 904 LA	OM 904 LA	OM 904 LA	OM 924 LA	OM 924 LA	
Zylinder:	4	4	4	4	4	4	
Leistung (PS/kW):	150/110	150/110	177/130	177/130	218/160	218/160	
Hubraum (ccm):	4249	4249	4249	4249	4801	4801	
Länge (mm):	5410	6010	5410	6010	5410	6010	
Breite (mm):	2300	2300	2300	2300	2340	2340	
Höhe (mm):	2720	2720	2720	2720	2830	2830	
Radstand (mm):	3250	3850	3250	3850	3250	3850	
Leergewicht (kg):	4000–4500	4000–4500	4000–4500	4000–4500	4800–5300	4800–5300	
zul. Gesamtgewicht (t):	7,5	7,5	8,5–9,5	8,5–9,5	12,5–14,1	12,5–14,1	
Wendekreis (m):	14,5	16,5	14,5	16,5	14,5	16,5	
Steigfähigkeit (%):	100	100	100	100	100	100	

Fahrgestellbaumuster 437.4					
Baumuster	Verkaufsbezeichnung	Radstand	Baumuster	Verkaufsbezeichnung	Radstand
437.420	U3000	3250 mm	437.425 (+M03)	U4000	3850 mm
437.425	U4000	3850 mm	437.430	U5000	3250 mm
437.420 (+M03)	U4000	3250 mm	437.435	U5000	3850 mm

UNIMOG – faszinierende Technikgeschichte

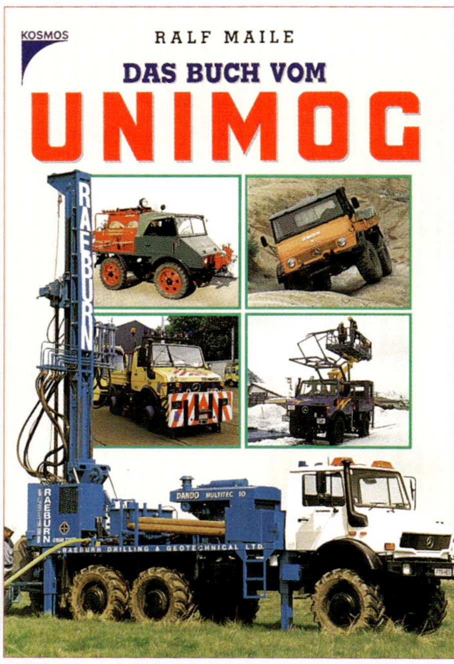

Ralf Maile
Das Buch vom Unimog

144 S., 278 Abb., geb.
ISBN 3-440-07939-2

Ob im Winterdienst auf deutschen Straßen, bei der Feuerwehr in Japan, als Abschleppwagen im australischen Outback – genauso facettenreich, wie der Unimog ist, gibt dieses fachlich fundierte Buch Auskunft über das faszinierende, vielseitige Fahrzeug. Über seine beispiellose Erfolgsgeschichte seit 1948, seine weltweiten Einsatzgebiete. Hervorragende Farbfotos, einmalige historische Aufnahmen und seltene Prospektabbildungen. Und wer's genau wissen will, findet in den ausführlichen Bildtexten und im umfangreichen Tabellenteil alle

Udo Paulitz
Lastwagen von gestern – Veteranen von heute

143 Seiten, 247 Farbfotos, geb.
ISBN 3-440-09060-4

Die schönsten und interessantesten, hervorragend restaurierten Museumslastwagen und Sammlerfahrzeuge haben hier ihren Auftritt. Ausgesuchte, fast ausschließlich bisher unveröffentlichte Aufnahmen – nicht nur von Veteranen aus Deutschland – lassen eine Epoche wieder lebendig werden.

Ralf Maile
Unimog im Einsatz

144 S., 139 Abb., geb.
ISBN 3-440-08239-3

Dieser bereits ungeduldig erwartete Ergänzungsband zum Bestseller „Das Buch vom Unimog“ gibt in spektakulären Einsatzaufnahmen einen weltweiten Überblick, was diese Meister der Vielseitigkeit zu leisten imstande sind. Von 1948 bis zu den neuesten Typen des Jahres 2000 spannt sich der Bogen. Außerdem werden einige seltene Prototypen in Text und Bild vorgestellt.